科 普 知 识 馆

令人称奇的科技发明

潘秋生 编著

航空工业出版社

北 京

内 容 提 要

人类的文明体现在那些让人类获得更便捷、更舒适生活的科技发明中，本书从各个方面介绍了人类科技的进步，在日新月异的科技发明中，我们可以见识到人类智慧是怎样被一点点地发掘出来，并使人类在发明创造中享受着更加丰富的精神生活。

图书在版编目（CIP）数据

令人称奇的科技发明／潘秋生编著. -- 北京：航空工业出版社，2018.1（2022.4重印）

ISBN 978-7-5165-1417-7

Ⅰ.①令… Ⅱ.①潘… Ⅲ.①科学技术－创造发明－普及读物 Ⅳ.①N19-49

中国版本图书馆CIP数据核字(2017)第307590号

令人称奇的科技发明
Lingren Chengqi de Keji Faming

航空工业出版社出版发行
（北京市朝阳区京顺路 5 号曙光大厦 C 座四层　100028）
发行部电话：010-85672688　010-85672689

三河市新科印务有限公司印刷　　　全国各地新华书店经售
2018 年 1 月第 1 版　　　　　　　2022 年 4 月第 3 次印刷
开本：710×1000　1/16　　　　　　字数：110 千字
印张：10　　　　　　　　　　　　定价：45.00 元

前　言

　　人类的文明总是在科学汇集的道路上前进，人类的生活总是在无数的发明中改变。有时候很多发明的问世都源于一个一闪而过的奇思妙想，一次不经意的偶然失误，一次特立独行的大胆尝试，自此走进智慧之门，进入发明创造的趣味王国，使发明带来了"种豆得瓜"的科学效应，新技术的大量使用，使世界科学体系得到逐步完善，科学领域逐步扩大，更重要的是实事求是，追求真理的科学精神得到发扬。

　　《令人称奇的科技发明》精心编选了各方面具有代表性的科技发明，讲述每一项发明的来龙去脉，描述他们在创造过程中是如何经历无数次的探索与改进，弘扬他们艰苦耐劳与顽强执着的精神，开拓大家的视野，扩充知识，陶冶心灵，不断地提升我们的智慧，激发我们的灵感，培养我们的独具特色的创造力。

　　该书融知识性、趣味性、思想性、通俗性为一体。在此基础上，为了青少年朋友的阅读口味和阅读习惯，我们特地选配了大量生动活泼的插图，力争为每一位读者营造出一种清新典雅的阅读氛围，并在多个发明后面添加了扩展阅读，扩大了青少年的知识面。

　　本书既收集了大发明家的故事，又有发生在我们身边的平凡人的小故事。读者不仅可以从书中介绍的伟大发明的故事中了解到每一件事物的来龙去脉，还可以令读者在阅读之余，获得一些智慧的启迪。

目 录

第三章　残酷的文明——现代武器

第四章　电气时代是第二次工业革命的开辟时代

第五章 生命的保护神，生物医药

第六章 震撼人心的电子高科技

第一章

改善人们生活的发明

人们的日常生活是科技的最基本体现，从钻木取火，到今天的智能家电，一个一个的发明，推动着科技的进步，让人们生活越来越美好。

服饰的眼睛
——纽扣的作用

起　　源：伊朗
问世年代：公元四千年前
发 明 人：波斯人

　　纽扣是服装结构中不可缺少的一部分，纽扣不仅能把衣服连接起来，使其严密保温，还可使人仪表整齐。别致的纽扣，还会对衣服起点缀作用。因此，它除了实用功能以外，还对服装的造型设计起到画龙点睛的作用。

纽扣是谁发明的？

　　人类对纽扣的使用已经有 6000 多年的历史了。早在 4000 年前，伊朗的祖先波斯人，就已经会磨制石头纽扣了，我国在西周时期也出现了纽扣，著名的《周礼》中就有多处记载，西周已经形成了完整的礼仪制度，对服装的要求也已经规范化，而纽扣的使用也在服装的发展中得以应用。

　　在欧洲，古罗马时代人们也开始使用纽扣了，但是，当时的纽扣实用性不高，纽扣的功能主要是装饰作用，系衣服则用针和夹子。一些贵族们为了显示自己的富有，用珍贵的金银、珍珠、宝石、钻石、犀角、羚羊角、象牙等昂贵的材料制作纽扣。法国国王路易十四，就曾经用 1 万多枚珍贵的纽扣镶嵌了一件袍子，各国的博物馆里也都出现了用珍贵的牛角、羚羊角、象牙、金银等昂贵材料制作的纽扣。直到 13

世纪，纽扣的实用功能才被人们所重视。那时，人们已懂得在衣服上开扣眼，这种做法大大提高了纽扣的实用价值。16世纪，中国人使用纽扣的方式被传到欧洲，但是仍然只有男性的衣服使用纽扣，女性使用者较少，多数人只是用做装饰。由此可见，早期的纽扣虽然已经体现了使用功能，但是装饰作用要大大高于实用功能。

中国纽扣的发展

中国人虽然懂得纽扣的使用，但是早期同样把纽扣当作装饰品，明朝之前的衣服大多采用"结带式"，互相连接，古人称之为"结缨"。明朝人虽然已经懂得使用纽扣，但是也只是在礼服上使用，在常服上仍然不用。直到清代，纽扣才被大量使用。清代衣服上的纽扣，多为铜制的小圆扣，大的有如榛子，小的有如豆粒，民间多用素面，即表面光滑无纹，宫廷中或贵族则多用大颗铜扣或铜鎏金扣、金扣、银扣。纽扣上常常镌刻或镂雕各种纹饰，如盘龙纹、飞凤纹以及一般花纹。纽扣的钉法也不一样，有单排、双排或三排纽。

乾隆以后，纽扣的制作工艺日趋精巧，衣用纽扣也愈加讲究，以各种材质制作的各式纽扣纷纷应市。比如有镀金扣、镀银扣、螺纹扣、烧蓝扣、料扣等等。另外贵重的还有白玉佛手扣、包金珍珠扣、三镶翡翠扣、嵌金玛瑙扣以及珊瑚扣、蜜蜡扣、琥珀扣等等，甚至还有钻石纽扣。纽扣的纹饰也丰富多样，诸如折枝花卉、飞禽走兽、福禄寿禧，甚至十二生肖等等，纽扣的实用性和装饰性一样已经发展到了顶峰。

知识
链接

第二颗纽扣的含义：这是一个来自日本的传说，第二颗纽扣是送给情侣的最好的礼物，因为第二颗纽扣偏于心脏位置，所以第2颗纽扣相对地来说是代表心！

纽扣为何男士在右，女士在左：因为现代服饰是以西方服饰为基础的。西方人普遍穿着衬衫和西装，纽扣在右边符合人扣纽扣的姿势习惯。而在很久以前，在西方，小姐们一般是不自己扣纽扣的，一般由伺候小姐穿戴的女仆扣纽扣，为了让女仆扣纽扣的时候方便，所以女士服饰的纽扣和男士是相反的。

隐藏的纽扣
——拉链的研究

起　　源：美国
问世年代：1891 年
发 明 人：贾德森

拉链是依靠连续排列的链牙，使物品并合或分离的连接件，现大量用于服装、包袋、帐篷等。其中，两条带上会各有一排金属齿或塑料齿组成的扣件，用于连接开口的边缘（如衣服或袋口），并且，会有一滑动件将两排齿拉入联锁位置使开口封闭；还有一种就是连接于某物（作为被吊起或放落的物体）上以拉紧、稳定或引导该物的链。

拉链的发展简史

拉链的发明雏形，最初来自于人们穿的长筒靴。19 世纪中期，长筒靴很流行，特别适合走泥泞或有马匹排泄物的道路，但缺点就是长筒靴的铁钩式纽扣多达 20 余个，穿脱极为浪费时间。这个缺点让发明家伤透了脑筋，也耗费了赞助商许多的金钱和耐性。为了免去穿脱长筒靴的麻烦，人们甚至忍受着穿靴整日不脱下来。

直到 1893 年，一个叫贾德森的美国工程师研制了一个"滑动式锁紧装置"，并获得了专利，这就是拉链最初的雏形。这项装置的出现，曾对在高筒靴上使用的纽扣造成冲击。但这一发明并没有很快流行起来，主要原因是这种早期的锁紧装置质量不过关，容易在不恰当的时间和地点松开，使人难堪。

1913年,瑞典人桑巴克改进了这种粗糙的锁紧装置,使其变成了一种可靠的商品。他采用的办法是把金属锁齿附在一个灵活的轴上。这种拉链的工作原理是:每一个齿都是一个小型的钩,能与挨着而相对的另一条带子上的一个小齿下面的孔眼匹配。这种拉链很牢固,只有滑动器滑动使齿张开时才能拉开。

拉链的制造技术随着产品的流传而逐渐在世界各地传开,瑞士、德国等欧洲国家,日本、中国等亚洲国家也先后开始建立拉链生产工场。

我国拉链的发展

自1980年开始,特别是1995年以后,我国拉链生产以空前的速度发展,一大批新兴的民营拉链企业脱颖而出,规模也在不断扩大。拉链产品不断增加。目前,世界上的三大类拉链,各个品种、各个规格的拉链基本上都能生产。1999年我国拉链的产量实现了第一次历史性的飞跃,产量超过了100亿米,成了世界上最大的拉链生产国。

增高的时尚
——高跟鞋的历史

起　　源：法国
问世年代：公元 16 世纪

　　提到法国，人们总是津津乐道：阳光下蔚蓝无垠的地中海，卢瓦尔河谷美轮美奂的城堡，巴黎街头情调浪漫的小酒馆，法国人以其浪漫著称，因而成为高跟鞋的滥觞之处。

高跟鞋的传说

　　关于高跟鞋，有个广为笑谈的传说，据说，它的发明者是一个名叫德库勒的威尼斯商人，此人不但多疑，而且心胸狭窄。他长年在外经商，因此担心自己不在家的时候，漂亮的妻子会到外面闲逛，招蜂引蝶。有一次，德库勒又要出远门做生意去了，可他却顾虑重重，因为他既不愿意守着妻子而放弃金钱，又害怕妻子让自己蒙羞。他绞尽脑汁，却始终想不出两全其美的办法来。

　　巴黎又下起了细雨，德库勒坐在窗前苦苦思索着，他的心情就好像天空布满的阴霾。这时候，他看见门前的小路上一位行人正小心翼翼地走过，尽管非常小心，那个人仍然狠狠摔了一跤。他的鞋跟上沾了不少泥，一步一滑，好像随时要滑倒一样。德库勒眼睛一亮，有了办法。他想，我给妻子设计一双难走的鞋，她就无法到处乱走了。

他回到屋子里立刻毁掉了妻子所有的鞋，让她穿上特制的高跟鞋，然后放心地出门去了。谁知他的妻子穿上高跟鞋后觉得很好玩，出去东游西逛，反而出尽了风头。姑娘们看到这双鞋非常奇特，因此竞相仿效，不久就风行起来。

高跟鞋是否是德库勒发明，并无历史依据，也有人认为是法国国王路易十四的一名宫廷设计师发明了高跟鞋。法国国王路易十四身材矮小，他为了在臣民面前显示自己的高贵气度，命令设计师为自己制造了四英寸高的高跟鞋，并把鞋跟染成红色。此后贵族们不论男女，纷纷仿效，最后高跟鞋传遍欧洲大陆，得到上层贵族的喜爱。

受到万千女人青睐

在17世纪的欧洲，高跟鞋并不完全属于女性，大街上随处都可看到穿高跟鞋的男性贵族，不过当时的高跟鞋并不同于现代的高跟鞋。这是因为当时技术的限制，所有人穿的高跟鞋都是一个模式：3英寸高的鞋跟，鞋身相当细长，鞋跟与鞋底连成一体。这个时候，由于材料的限制，人们无法克服鞋跟易折断的问题，所以只能加宽鞋跟的顶部以充分连接鞋底。尽管如此，它仍然让热爱时髦的女性们疯狂不已。因为高跟鞋不但能增加高度，还能使女性挺拔的身段增强诱惑。它使女性行走时步幅减小，身体重心后移，腿部相应挺直，并造成臀部收缩、胸部前挺的姿态，这样在行走的时候就显得袅娜多姿，风情万种。

历史上风行最久的高跟鞋是一种叫作"玛丽·简"的鞋子，它在19世纪风行达50年之久。而生产出各色高跟鞋的年代是20世纪20年代，设计师尝试把高跟鞋和凉鞋结合在一起，设计出了优雅动人的晚宴高跟鞋。之后，评论家们对裸露脚趾和脚跟的高跟鞋大加批判，认为这种鞋子很不雅观，这种观点不但没有使高跟鞋遭到女性的唾弃，反而很快就风靡起来。

高跟鞋发展最重要的年份是20世纪50年代，运用钢钉技术，设计出来的高跟鞋看起来尖细又性感，好莱坞的大牌明星们纷纷穿着它亮相，在这种潮流的引导下，各种材料、质地的高跟鞋在设计师的手上诞生了。

今天，高跟鞋的意义不仅在于审美，更重要的是它增加了女性的自信和自我的心理满足。

绅士的重新塑造
——西装的魅力

起　　源：北欧
问世年代：17 世纪后半叶
的路易十四时代
发 明 人：菲利普

　　西装诞生后，人们开始使用"西装革履"来形容文质彬彬的绅士俊男。它的外观挺括、线条流畅、穿着舒适。若配上领带或领结后，则更显得高贵典雅。古人说"人靠衣装，马靠鞍"，这句话还真的是有几分道理。

西装发明的传说

　　有一年秋天，天高气爽，这天，年轻的子爵菲利普和好友们结伴而行，踏上了秋游的路途。他们从巴黎出发，沿塞纳河逆流而上，再在卢瓦尔河里顺流而下，品尝了南特葡萄酒后来到了奎纳泽尔。想不到的是，这里竟成为西服的发祥地。奎纳泽尔是座海滨城市，这里居住着大批出海捕鱼的渔民。由于风光秀丽，这里还吸引了大批王公贵族前来度假，旅游业特别兴旺。菲利普一行也乐于此道，来奎纳泽尔不久，他们便请渔夫驾船出港，到海上钓鱼取乐。当鱼一旦上钓，就需要将钓竿往后一拉，而这里的鱼都挺大，菲利普感到自己穿紧领多扣子的贵族服装很不方便，有时拉力过猛，甚至把扣子也挣脱了。可他看到渔民却行动自如，于是，他仔细观察渔民穿的衣服，发现他们的衣服是敞领、少扣子的。这种样式的衣服，在进行海上捕鱼作业时十分便利。菲利普虽然是个花花公子，但对于穿着打扮，倒有些才能。他从渔夫衣服那里得到了启发，回到巴黎后，马上找来一班裁缝共同研究，力图设计出一种既方便生活而又美观的服装来。不久，一种时新的服装问世了。它与渔夫的服装相似，敞领，少扣，但又比渔夫的衣服挺括，既便于用力，又能保持传统服装的庄重。新服装很快传遍了巴黎和整个法国，以后又流行到整个西方世界。它的样式与现代的西装基本上相似。

西装在中国的流行

19世纪40年代前后，西装传入中国，来中国的外籍人和出国经商、留学的中国人多穿西装。1911年，民国政府将西装列为礼服之一。1919年后，西装作为新文化的象征冲击传统的长袍马褂，中国西装业得以发展，逐渐形成一大批以浙江奉化人为主体的"奉帮"裁缝专门制作西装。20世纪30年代后，中国西装加工工艺在世界上享有盛誉，上海、哈尔滨等城市出现一些专做高级西装和礼服的西服店，如上海的培罗蒙、亨生等西服店，都以其精湛工艺闻名国内外。1936年，留学日本归来的顾天云创办了西装裁剪培训班，培育了一批制作西装的专业人才，为西装制作技术起了一定的推动作用。新中国成立以后，占服饰主导地位的一直是中山装。改革开放以后，随着思想的解放，经济的腾飞，以西装为代表的西方服饰以不可阻挡的国际化趋势又一次涌进中国。于是，一股"西装热"席卷中华大地，中国人对西装表现出比西方人更高的热情，穿西装打领带渐渐成了一种时尚。

扩展阅读

西装搭配

西装一般有正版西装和休闲西装之分，一般西装都要搭配领带，领带的颜色可以有很多种选择，西装还要搭配合适的西裤，皮鞋和皮带，这才是完美的西装搭配。在现代社会，对正统西装的穿着知识和色彩搭配，成为每一个男士是否具有成功人士素质的标志之一。而出色地把握穿西装之道，也成为提高文化品位和走向成功的阶梯之一。

节约能源的高手
——压力锅的发明

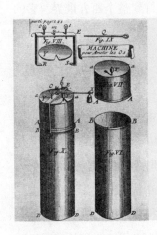

起　　源：法国
问世年代：1679 年
发 明 人：丹尼斯·派朋

　　压力锅是千千万万个家庭的厨房中必不可少的炊具之一，但谁也不曾想到它却是一位年轻的法国人丹尼斯·派朋，于几百年前的一项"不务正业"的发明。

为什么压力锅的发明是不务正业的

　　原来在 17 世纪末叶，瓦特的高效率蒸汽机还没有问世之前，已经有很多人在研究制造蒸汽发动机了，派朋便是其中的一员。那时派朋正在伦敦，他在对蒸汽发动机研究的过程中，突然对蒸汽锅炉产生了浓厚的兴趣，从而启发了他对厨房用具的联想，最终引发了烹饪用压力锅的发明。

世界上第一个介绍压力锅的说明

　　派朋发明的压力锅是圆桶状的，上面有一个能扣紧的盖子和一个自动安全阀。（这个安全阀也是派朋的发明）1679 年，派朋为皇家学会做了现场表演，用这种锅烹制了一些食品，大家品尝了之后都觉得这食物美味可口，有人就建议派朋写一本小册子介绍这种锅的用法和特点。派朋接受了建议，随后便附上了一本小册子。在册子里他写道："这种锅能使又老又硬的牛羊肉变得又嫩又软，并能保留菜和肉的香味和营养。"于是就有了关于世界上第一个压力锅的介绍说明。

**知识
链接**

到底是铝压力锅好还是不锈钢压力锅好呢？

这就要从不同的方面来看了。因为不锈钢压力锅制作工艺难度大，所以价格也稍贵于铝压力锅。不过就安全性能来说，只要是按照国家标准 GB13623-92、GB15066-94 生产的高压锅就能保证使用安全。但是，有一点一定要明确，即不论是哪种高压锅，使用期均不得超过 8 年，超期服役的后果肯定是得不偿失的。

保存温度的小瓶子
——保温瓶的出现

起　　源：英国
问世年代：1900 年
起 名 人：詹姆士·杜瓦（英国）

　　保温瓶也称热水瓶，是英格兰科学家杜瓦最先发明的，但起名者却是德国的赖因霍尔德·伯格。保温瓶有内壁和外壁，两壁之间呈真空状，空无一物（里面甚至没有空气）。热不能穿过真空进行传递，所以凡是倒入瓶里的液体都能在相当长的一段时间内保持它原有的温度。

保温瓶的发明过程

　　1900 年，杜瓦第一次在 - 240℃的低温下，使压缩氢气变成液体——液态氢。这种液态氢得用瓶子盛起来，一般的玻璃，热水注进去，一会儿就冷了；冰块装进去，一会儿就化了。因此，要保存这些极冷的液态氢非得有一个能长时间保持一定温度的容器不可，但是那时候世界上还没有现在这样的保温瓶，他只好让一套制冷设备不断地运转着。为了保存这些液态氢，不得不花费很大的能量，真是太不经济也太不方便了。于是，杜瓦就着手研制一种能保持温度的瓶子来储存液态氢。但是，普通的玻璃瓶不能保温。那是因为周围环境的温度比热水温度低，却又比冰块的温度高，热水和冰块跟外界空气产生对流，直到瓶里和外界温度相同为止。如果用一个塞子把瓶口堵住，空气对流的通道虽然被堵住了，但瓶子本身又有传热的性质，热传导又导致温度的变化，热量的流失。为此，杜瓦就采用真空的办法，即做成双层瓶子，把隔层中的空气抽掉，切断传导。可是还有一种影响保温的因素，即热的辐射。为了解决双层瓶子的保温作用，杜瓦在真空的隔层里又涂了一层银或反射涂料，把热辐射挡回去，传热的三条通道即对流、传导、辐射都堵住了，瓶内胆则较长时间保持温度。杜瓦就用他制造的这种瓶子来储存液态氢。

保温瓶名字的来历

然而，认识到保温瓶在各种情形中都会有用的德国玻璃制造工人赖因霍尔德·伯格，在1903年获得了取名"保温瓶"的专利，并且制订了把它投入市场的计划，伯格甚至举办了一次给他的保温瓶起个好名字的比赛。他挑选的获胜名字是瑟莫斯（即热水瓶），那是关于热的希腊字。伯格的产品非常成功，很快他就将保温瓶运往世界各地。

保温瓶与生活

保温瓶与人们的工作、生活关系密切。实验室里用它贮存化学药品，牛痘苗、血清，其他液体也经常用保温瓶来运送。同时现在几乎家家户户都有大大小小的保温瓶、保温杯。野餐、足球赛时人们用它贮存食物和饮料。近年来保温瓶的出水口又添许多新花样，研制出了压力保温瓶，接触式保温瓶等，但保温原理不变。

知识
链接

辐射有实意和虚意两种理解。实意可以指热、光、声、电磁波等物质向四周传播的一种状态。虚意可以指从中心向各个方向沿直线延伸的特性。辐射本身是中性词，但是某些物质的辐射可能会来到危害。

找回自尊的美丽
——假发的魔力

起　　源：埃及
问世年代：四千多年前

　　有些人想节省打理头发、转换发型的时间，就会戴假发来转换不同的发型样式，脱发或头发稀疏的人也会用假发令自己的头发看上去较浓密，假发则是现代人找回自尊的发明。

追溯假发历史

　　中国人很早就有了佩戴假发的习惯，起初为上层社会女性的饰物，加于原有的头发上，令其更浓密，并能做出较为复杂的发髻。春秋时假发盛行，到了汉朝依据《周礼》制定了发型与发饰。三国时期妇女也常用假髻；北齐以后，假髻之形式向奇异化的方向发展，直到元朝时汉族妇女开始使用一种叫鬏髻的假髻。清朝出现的鬏髻样式依然很多，但中华民国成立后，发型转趋简便，少用假发、假髻。

　　日本传统发型也经常加上假发梳式。假发在日本有悠久的历史，据说日本的原始歌舞中，人们就已经用草与花卉的梗和蔓制作头上的装饰。朝鲜半岛在高丽王朝开始盛行戴假髻，忠烈王下令高丽全国穿蒙古服、留蒙古发髻（编发）。后来朝鲜太祖李成桂建立朝鲜王朝（李氏朝鲜），采"男降女不降"政策，男性恢复汉制，女性则"蒙汉并行"，后来发展成"加髢"样式。至纯祖时有妇女因加髢过重折断颈项至死，宫中才撤销已婚王族妇女及女官必须佩戴加髢的规定。

古埃及人在四千多年前就开始用假发，也是世界上最早使用假发的民族，在早王朝（前3100～前2686）起开始普及，古王国起第三至第六王朝，常见到男女都佩戴以羊毛混合人发制成的假发，假发的长度和样式因社会地位与时代而异，由中王国（前2040～前1786）起不论贫富、地位、性别都把头发与胡子剃光，戴上假发、假胡子，只会在居丧时才任由头发生长，否则会被耻笑。古希腊、古罗马人认为秃头的人是受到上天的惩罚，把秃子视为罪人。头发稀疏或秃顶军官会被一些希腊领地的长官拒绝为他们安排工作。罗马人甚至曾经打算让议会通过"秃子法令"，禁止秃顶男子竞选议员，秃顶的奴隶也只能卖到半价。秃子们为了免受歧视，就戴假发遮住这个瑕疵。

法官假发存废争议

近年有不少国家均有人提出废除法庭服饰使用假发的传统制度。有些人认为假发已经不合时宜，在主张简洁现代化的前提下，法庭服饰应有所变革。但亦有人认为假发需要保留。假发的存废问题多年来争议不绝。据1999年一项民意调查显示，在英格兰和威尔士，三分之二的人们对法官的服饰和假发的反应大多为"不喜欢"、"感觉不好"，也觉得法官戴假发给人高高在上的感觉，难以亲近。一些多年来忍受戴假发带来不便的年长法官和律师则支持废除戴假发的规定，他们认为法庭不是旅游景点，保留传统与否无关紧要。然而，也有些法官和律师不希望废除使用假发，他们认为戴上银白色假发可以提高他们的权威，而且取消传统装束会破坏法庭的庄严气氛。有些民众也认为戴假发的传统需要保留，这是因为有些人习惯性把假发与地位、身份乃至正义联系起来。而不少被告人也优先选择可以佩戴假发的大律师为他们辩护，甚至有人认为有无戴假发会影响对陪审团的说服能力。

反射你的美丽
——神奇的镜子

起　　源：埃及
问世年代：公元前 3000 年

　　大家都知道，玻璃镜子是我们的生活必需品，我们每天能够打扮光鲜的出门少不了它的帮忙，那我们就追溯一下镜子的历史吧。

镜子的沿革

　　古代用黑曜石、金、银、水晶、铜、青铜，经过研磨抛光制成镜子。公元前3000年，埃及已有用于化妆的铜镜。公元1世纪，开始有能照出人全身的大型镜。中世纪盛行与梳子同放在象牙或贵金属小盒中的便携小镜。12世纪末至13世纪初，出现以银片或铁片为背面的玻璃镜。文艺复兴时期威尼斯为制镜中心，所产镜子因质量高而负有盛名。16世纪发明了圆筒法制造板玻璃，同时发明了用汞在玻璃上贴附锡箔的锡汞齐法，金属镜逐渐减少。17世纪下半叶，法国发明用浇注法制平板玻璃，制出了高质量的大玻璃镜。镜子及其边框日益成为室内装饰。18世纪末制出大穿衣镜并且用于家具上。锡汞齐法虽然对人体有害，但一直延续应用到19世纪。1835年，德国化学家莱比格发明化学镀银法，使玻璃镜的应用更加普及。中国在公元前2000年已有铜镜。但古代多以水照影，称盛水的铜器为鉴。汉代始改称鉴为镜。汉魏时期铜镜逐渐流行，并有全身镜。最初铜镜较薄，圆形带凸缘，背面有饰纹或铭文，背中央有半圆形钮，用以安放镜子，无柄，形成中国镜独特的风格。明代传入玻璃镜。清代乾隆（1736～1795年）以后玻璃镜逐渐普及。日本及朝鲜最初由中国传入铜镜，日本在明治维新时玻璃镜开始普及。

镜子的光学特性

不论是平面镜或者是非平面镜（凹面镜或凸面镜），光线都会遵守反射定律而被面镜反射，反射光线进入眼中后即可在视网膜中形成视觉。在平面镜上，当一束平行光束碰到镜子，整体会以平行的模式改变前进方向，此时的成像和眼睛所看到的像相同。

镜面对于光线的反射服从反射定律，其反射能力取决于入射光线的角度、镜面的光滑度和所镀金属膜的性质。与镜面垂直的假想线称为法线，入射线与法线的夹角和反射线与法线的夹角相等。平面镜前的物体在镜后成正立的虚像，像与镜面的距离与物体与镜面的距离相等。如果想从镜中看到本人整个身长，由于入射角等于反射角，镜子至少须有本人身长的一半。凹面镜的反射面朝向曲率中心，平行光线入射到凹面镜反射后聚集到焦点，如烹饪器放在大凹面镜焦点位置，可接受太阳光聚集加热，成为太阳灶。如车灯或探照灯中光源放在凹面镜焦点位置可使光反射出平行光。物体在曲率中心以外时可反射成倒立的实像，如反射望远镜。凸面镜的反射面背向曲率中心，物体在镜后成缩小的正立像，可以反射大范围的缩小景观，如汽车后视镜。

扩展阅读

可以用醋来清洁镜子上的污垢，先用报纸蘸上按2：1比例配制的水醋兑成的溶液擦拭，再用干布擦干，镜子就会光亮如新。另外，擦窗玻璃时，先用湿布把玻璃擦一下，再用报纸擦过，马上干净，十分方便。

婴儿的伴侣
——纸尿布诞生记

起　　源：德国
问世年代：二战以后

一种抛弃式的免洗尿布。以无纺布、纸、棉等材料制成。与尿布作用相似，但比较环保。高吸水性树脂是制造婴儿尿布的绝好材料，因此俗称"纸尿布"。

纸尿布诞生记

人类早期就会使用"尿布"了，只是那时候生产比较落后，人们还处于蒙昧状态，所谓的尿布不过是兽皮树叶而已，至于多久换一次"尿布"，暂时无法考证。人类跨入文明时代后，使用的尿布也是五花八门，但是大多离不开频繁洗涤，直到在 19 世纪中叶，随着工业化的发展，大量价格低廉的棉纺布产生了，这才出现了专门的尿布。

第二次世界大战期间，木浆的应用促成了一次性纸尿布的诞生。由于战争时期生产遭到破坏，物资紧缺，棉花一时成为紧缺物品。德国人试图发明一种棉花的替代物，他们发明了一种用木浆制成的纤维棉纸，这种纸质不但柔软，而且具有较强的吸水性。战后，瑞典的一家公司对木浆棉纸进行继续开发，用它制成内裤里的填充物，生产了最初的"纸尿布"。这种一次性的尿布很快进入商店的货架，开始销售，只是当时"纸尿布"的成本很高，因此也就价格不菲。

在廉价纸尿布发明的路上，另一个偶然事件促成了它的诞生。20 世纪 40 年代，宝洁公司的事业不断上升，这时候，开发部经理米勒先生新添了个可爱的小孙女。在享受天伦之乐的同时，他也被频繁地换洗尿布所困扰。几番折腾之后，他萌生了一个念头：与其忙得满头大汗，为什么不能发明一种东西，让大家彻底摆脱换洗尿布的痛苦呢？他立即回到宝洁公司的实验室并任命了一个专门的研究小组。在经过了无数次的尝试和改进之后，他的梦想成真了——一种吸水性能良好、佩戴舒适的一次性纸尿布诞生了。这就是"帮宝适"纸尿布，1961 年正式推向市场，迎接它的是无数欣喜若狂的妈妈和她们的宝宝。

1968 年金佰利公司也推出了自己的一次性纸尿布，这种纸尿布不但有诸多创新，而且形成了行业标准。这种首次推出三角形设计，能完美地贴合宝宝的身体，新型的吸水性材料和可粘式的搭扣，具有剪裁贴体和方便固定的优点。这种纸尿裤的剪裁和弹性的腿部设计能更好地防止侧漏后漏，而且搭扣可以重复使用，一次性纸尿裤的设计更加注重人性化，最新款的裤型纸尿布进行了立体化设计，穿脱自如，宝宝能轻松迈步，让年轻妈妈更放心。

滥用纸尿布的危害

发达国家婴儿使用纸尿布比较普遍，目前没有因为纸尿布造成婴儿发育不良的确凿证据。但一般而言，纸尿布的透气性能差，散热性能也不够理想，应该注意不要被滥用。很多人相信，男婴使用偏小偏紧的纸尿布，不利于他们的生理发育，易使男婴生理的正常生长受影响，从而，导致不育症。尽管这一观点并未得到任何临床证实，但偏小偏紧的纸尿布，肯定会使得婴儿不舒适，不宜使用。如果纸尿布不及时更换，或者是更换时没有注意清洗，容易滋生细菌，使婴儿患尿布疹、肛周湿疹等疾病。同理，已经拆开包装较久的纸尿布、使用过的纸尿布，都不宜使用。

有些家长发现，自己的孩子只要使用纸尿布，就会长尿布疹。这种情况下建议考虑换吸水、透气性更好的纸尿布，或者改为使用纱布尿布。但不建议用旧衣服、旧床单制作的尿布，因为旧布料不但难以洗净，而且会掉落纤维碎屑，危害婴儿健康。对于新生婴儿，几乎要一直不停地换纸尿布。随着孩子的不断成长，纸尿布的更换次数会逐渐减少，开始时平均每天是十次，逐渐减少到六次左右。据估计，一个婴儿可使用纸尿布达 5000 片左右，给婴儿家庭带来的经济负担，明显高于普通尿布。

布料的缝合者
——缝纫机的神奇

起　　源：美国
问世年代：1790 年
发 明 人：托马斯·赛特

　　缝纫机是用一根或多根缝纫线，在缝料上形成一种或多种线迹，使一层或多层缝料交织或缝合起来的机器。缝纫机能缝制棉、麻、丝、毛、人造纤维等织物和皮革、塑料、纸张等制品，缝出的线迹整齐美观、平整牢固，缝纫速度快、使用简便。

世界缝纫机发展介绍

　　18 世纪中叶工业革命后，纺织工业的大生产促进了缝纫机的发明和发展。1790 年，美国木工托马斯·赛特首先发明了世界上第一台先打洞、后穿线、缝制皮鞋用的单线链式线迹手摇缝纫机。1841 年，法国裁缝 B·蒂莫尼耶发明和制造了机针带钩子的链式线迹缝纫机。1851 年，美国机械工人 I.M. 胜家发明了锁式线迹缝纫机，并成立了胜家公司。这一时期的缝纫机基本上是手摇式的。1859 年，胜家公司发明了脚踏式缝纫机。1870 年，美国生产缝纫机的公司有 69 家，1871 年，美国缝纫机年产量为 70 万台。1889 年，胜家公司又发明了电动机驱动缝纫机。从此开创了缝纫机工业的新纪元。到 1891 年，胜家公司已累计生产 1000 万台缝纫机。可以说，在较长时间内，胜家公司基本上垄断了世界缝纫机的生产。1940 年，瑞士爱尔娜公司发明了采用筒式底版铝合金铸机壳、内装电动机的便携式家用缝纫机。1950年以后，进一步发展了家用多功能缝纫机。

20世纪70年代初期，工业先进国家的家用缝纫机市场已趋饱和，日本企业在劳动力成本不断提高的情况下，也不得不转向生产工业用缝纫机，今天，缝纫机基本退出了家庭。

扩展阅读

缝纫机的线圈缝合基本原理

就像汽车一样，大多数缝纫机的基本原理都是相同的。缝纫机的核心是线圈缝合系统。线圈缝合方法与普通手工缝纫差异很大。在最简单的手工缝合中，缝纫者在针尾端的小眼中系上一根线，然后将针连带线完全穿过两片织物，从一面穿到另一面，然后再穿回原先一面。这样，针带动线进出织物，把它们缝合在一起。虽然这对手工来说非常简单，但是要用机器进行牵拉却极其困难。机器需要在织物的一边释放针，然后在另一边即刻再次抓住它。然后，它需要把松散的线全部拉出织物，调转针的方向，然后反方向重复所有步骤。在机针上，针眼就在尖头的后面，而不是在针的尾端。针固定在针杆上，针杆由电机通过一系列的齿轮和凸轮牵引做上下运动。当针的尖端穿过织物时，它在一面向另一面拉出一个小线圈。织物下面的一个装置会抓住这个线圈，然后将其包住另一根线或者同一根线的另一个线圈。

这样，每个线圈都会把下一个线圈固定到位。链式缝合的主要优点是可以缝得非常快。但是，它不是特别的结实，如果线的一端松开，可能整个缝纫会全部松脱。大多数缝纫机使用一种更结实的缝线，这种缝线方法叫作锁缝。

口腔里的吸尘器
——牙刷的出现

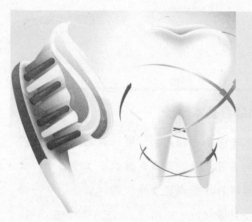

起　　源：英国
问世年代：1780 年
发 明 人：威廉·艾利斯

　　人类使用洁齿品的历史可以追溯到 2000—2500 年前，古希腊人、古罗马人、希伯来人、早期的佛教徒都有使用洁齿品的历史。早期的洁齿品主要是白垩土、动物骨粉、浮石甚至铜绿，刷牙用的器具是碎布片或者手指，这种方法一直持续到 19 世纪。

早期的牙刷

　　我国使用牙刷远远早于欧洲，考古人员在辽代的墓穴中发现了骨质的牙刷柄，这是迄今发现的世界最早牙刷实物。另外，在一些佛教的著作中有手指当"牙刷"的记录，这在敦煌石窟的壁画上可以看到，可能最初的洁牙行为就是从僧侣开始的。在印度的一些地区人们用杨枝刷牙，所以杨枝又叫"木齿"。不仅如此，印度人还把杨枝作为祝福的礼物。这种方法后来传入了中国，在《外台秘要》一书中记载了用杨枝刷牙的方法：把杨枝一头咬软，蘸了药物擦牙，可使牙"香而光洁"。佛经《华严经》中也记载了用杨树枝刷牙的好处，说它能去齿垢，发口香。

　　中国在唐朝的时候，已经懂得了用中草药健齿、洁齿的方法。英国从 18 世纪后开始大规模生产牙粉，牙粉才作为一种商品而流通。现代牙膏的发明，首先是金属软管的发明，1840 年维也纳人塞格，发明了软管牙膏，从此人类结束了使用牙粉的历史。

牙刷的发展历程

近代的牙刷是由英国人威廉·艾利斯发明的，1780 年伦敦当局以他犯有煽动骚乱罪将他逮捕，投进了新门监狱。在狱中他正按通常的方式擦洗牙齿，一个念头突然闯进了他的脑海：如果用一把小刷子来刷牙齿，是不是比用布擦牙齿更便捷。吃晚饭时，他将一根肉骨头偷偷装入口袋带回自己的囚室，又向一个看守要了一些猪鬃。这天夜里，他把骨头磨成一根细棒，在上面钻满小孔，然后将猪鬃一束束地插进小孔，并将它们修剪整齐。就这样，近代第一把牙刷在监狱里诞生了。

随着科学技术的不断发展，工艺装备的不断改进和完善，各种类型的牙刷和牙膏相继问世，产品的质量和档次不断提高。牙膏由单一的清洁型牙膏，发展成为品种齐全，功能多样，上百个品牌的多功能型牙膏，满足了不同层次消费水平的需要。

第二章

办公通信工具使问题秒杀解决

人们的各种信息需要记录加工整理，而从当初的甲骨文到现在的数字存储，其中有的是孜孜不倦的探索，也有的是聪明者偶然的灵感迸发，他们都给社会带来了划时代意义的变革。人们的交流沟通，从最初的骑马驿站，到现代的无线网络，从需要十几天才能传递一个信息，到秒杀解决问题，通讯的日新月异代表着科技的进步。

可以记录的方法
——铅笔的问世

起　　源：古罗马
问世年代：2000 多年前

　　铅笔是现在人们生活中不可缺少的一部分，更是学生文具盒里必备的文具之一。尽管有了自动铅笔、可涂改的钢笔及计算机，但普通铅笔仍将与我们长相伴随，人们从全世界铅笔年销售总量已达 140 亿支这一事实便知端倪。

铅笔的始祖——石墨

　　1564 年，在英格兰的一个叫巴罗代尔的地方，人们发现了一种黑色的矿物——石墨。由于石墨能像铅一样在纸上留下痕迹，这痕迹比铅的痕迹要黑得多，因此，人们称石墨为"黑铅"。那时巴罗代尔一带的牧羊人常用石墨在羊身上画上记号。受此启发，人们又将石墨块切成小条，用于写字绘画。不久，英王乔治二世索性将巴罗代尔石墨矿收为皇室所有，把它定为皇家的专利品。

铅笔的发展史

　　铅笔的发展历史非常悠久，它起源于 2000 多年前的古罗马时期。那时的铅笔很简陋，只不过是金属套里夹着一根铅棒、甚至是铅块而已。但是从字义上看，它倒是名副其实的"铅笔"。而我们今天使用的铅笔是用石墨和黏土制成的，里面并不含铅。

14世纪时，欧洲出现类似现代的铅笔，荷兰画家曾用以在纸上绘画。意大利人曾使用铅和锡的混合物制成铅棒，用于绘画和书写。1565年德国人格斯纳的藏书上有用铅笔绘制的图解，并记载有"为了制图和笔记，人们用铅及其他混合物制成笔芯，然后附上木制的把柄，进行画线……"的文字。同年英国开始以石墨为笔芯手工制出最原始的木杆铅笔。1662年在德国纽伦堡市建成世界上第一家铅笔厂——施德楼铅笔厂。

1761年德国人F.卡斯特在纽伦堡市创建了法泊·卡斯特铅笔厂，采用硫黄、锑等作黏结剂与石墨加热混合制造铅芯，使铅笔制造技术前进了一大步。1790～1793年，法国N.J.康德首次采用水洗石墨的办法，使石墨的纯度提高，并用黏土将石墨黏结制成笔芯，此法被称为康德法。1793年建立康德铅笔厂，为现代铅笔工业奠定了基础。

扩展阅读

石墨是元素碳的一种同素异形体。石墨质软，黑灰色；有油腻感，是最软的矿物之一。它的用途可以制造铅笔芯和润滑剂。世界著名的石墨产地有纽约、马达加斯加和斯里兰卡等。我国的石墨产量也很大，主要集中在山东、吉林、黑龙江等省。

书写工具的革新
——钢笔的发明

起　　源：美国

问世年代：19 世纪

发 明 人：沃特曼

钢笔是人们普遍使用的书写工具，它发明于 19 世纪初。书写起来圆滑而有弹性，相当流畅。在笔套口处或笔尖表面，均有明显的商标牌号、型号。

古代使用硬笔的发现

钢笔的发明是书写工具的巨大革新，让人们记录和传播知识变得更快捷。对硬笔的使用最早是苏美尔人和埃及人，他们最初在泥地上写字。我国在汉代也有使用硬笔的记录，1906 年，英国探险家斯坦因在新疆若羌县米兰遗址中发现的芦管笔证明了我国早期使用硬笔的历史。这种笔以木质材料精工削磨，有锋利的笔尖和马耳形笔舌。让人难以相信的是，这种笔的笔舌正中都有一条缝隙，呈双瓣合尖状，与现代钢笔笔舌有异曲同工之妙。这种笔舌的设计及原理与现代钢笔是相同的，笔舌正中劈缝，增加了笔尖的柔软性，减弱了僵硬度，这样就不容易划破纸张，同时为墨汁缓缓下渗开辟了一通道，书写流利。

现代钢笔的诞生

现代钢笔诞生在 19 世纪。在 1809 年，英国颁发了第一批关于贮水笔的专利证书，这标志着钢笔的正式诞生。早期的贮水笔墨水不能自由流动，写字的人压一下活塞，墨水才开始流动，写一阵之后又得压一下，否则墨水就流不出来了，因此书写非常不方便。在这种情况下，人们宁可使用鹅毛笔和蘸水笔。

美国的刘易斯·埃德森·沃特曼是美国一家保险公司的雇员，1884 年的一天早晨他从对手那里抢来了一份保险合同，当他将墨水瓶和鹅毛笔递给委托人，准备签字的时候，一大滴墨水却落了下来，污染了文件。他无奈地让委托人稍等片刻，自己再去找一份表格。可是等他拿回表格的时候，发现他的对手乘虚而入，已经抢走了那份合同，使得刚刚到手的生意又丢了。他愤怒地将鹅毛笔扔到地上，决心发明一种使用便捷的墨水笔。

沃特曼认真研究了活塞式储水笔后，准备改进出一种书写流畅，但是又不会掉出墨水的自来水笔。他先在连接墨水囊和笔尖的一根硬橡胶中钻了一条头发般粗细的通道，在墨水囊中放进少量空气，使内部的气压与外面平衡，墨水就慢慢流出来，但是效果并不好。他后来想到了毛细管原理，植物正是利用这种原理来输送水分和养分的。因此他在墨水囊和笔舌之间装了一根细管，这样一切都解决了。沃特曼的钢笔储水囊最初用的是眼药水瓶，后来改用柔软的橡皮囊取代，只要把空气挤出来就可吸进墨水。

到了 20 世纪，钢笔已经发展得很完善，钢笔里装墨水的部分采用了皮胆。1956 年，现代钢笔诞生了。

不用墨水的笔
——圆珠笔的出现

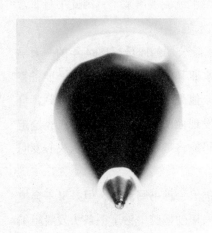

起　　源：匈牙利
问世年代：1938
发 明 人：拉迪斯洛·比罗

　　我们现在所使用的笔各式各样，无论什么类型的笔都能够帮助你完成你的记录过程。然而面对琳琅满目的各式笔，你总能够找到一款你所喜欢的笔。文具店里，有人喜欢买铅笔，有人喜欢买水笔，人喜欢买圆珠笔。那么你又是喜欢使用铅笔还是圆珠笔呢？如果你喜欢使用圆珠笔，那么你又知道有关圆珠笔的多少事情呢，你知道不知道圆珠笔的发明很具戏剧性呢？如果你还不知道的话，就一起来看看吧。

被遗忘的圆珠笔

　　1888 年，美国人约翰·劳德率先发明了一种类似于现在的圆珠笔的笔。这种笔的构造是一种在一根管子的一端装上一颗能自由转动的金属小圆珠，然后又在管内注入印刷时所使用的油墨的形式。然而此时的圆珠笔被用于写字的时候，其金属小圆球也会在纸上移动，管内黏稠的油墨也会从圆珠和管子的缝间逐渐地渗出，并在纸上留下油墨的痕迹。

　　对于约翰·劳德发明的这种笔来说，他却存在着两个致命的问题。第一是作为笔尖用的金属小圆珠很难制作，而且这种金属小球在圆度和硬度上都不理想，书写时，时而不出油，时而出油过多，结果是经常把纸弄得很脏。第二是当时的这种笔所用的油墨难以调配，太稠了写不出，太稀了不写也往外流。所以，劳德的发明根本就没有被使用过。后来这种连名字都未起过的笔被人们遗忘了。但他却为后人发明圆珠油笔打下了良好的基础。

圆珠笔的第二次发明

直到 1938 年，人们还是在大量的使用着铅笔和钢笔，圆珠笔依然没有人对其进行任何的改造。但是这一年却是圆珠笔的幸运年，因为终于有人对其进行一次大胆的尝试了。当时有一位匈牙利记者名叫拉迪斯洛·比罗，每一次在他进行新闻速记时，惯用的就是钢笔，但是每次他都感到很不力便。因为有时墨水用完了，会弄得自己不知所措；有时又可能笔尖突然堵塞不出水，忙碌中会十分的恼怒；使劲大了笔尖还会将纸划破。所以，比罗下定决心自己研制一种不需补充墨水而且书写快速流利的笔。

比罗当时并不知道约翰·劳德当年的发明。对此并不了解的他只好去找自己的哥哥格奥尔格帮忙，兄弟俩在折腾了一阵子之后，在 1938 年将自己的设想发明出来了。但是意外的巧合是兄弟俩的发明与当年劳德的发明几乎是一样的，因此又被称为"圆珠笔的第二次发明"。

知识
链接

太空笔，也就是加压圆珠笔，是一项新颖的技术。它的墨水是一种特殊的黏性墨水（像黏稠的橡胶胶水）。要使黏稠的墨水变为液体，圆珠必须旋转，使得圆珠笔在大多数物体表面甚至在水下都能够流畅地书写。普通圆珠笔依靠重力供给墨水，并且在笔芯上方有一个开口，使得空气能够替代用去的墨水。太空笔没有小孔，从而避免了墨水的蒸发和浪费，也避免了墨水从笔芯后面泄漏。另外，太空笔的使用寿命可长达 100 年，相比之下，普通圆珠笔的保存期平均只有两年。

不会破坏纸张的纸夹
——回形针的发明

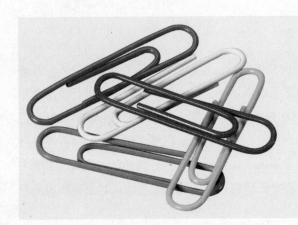

起　　源：美国
问世年代：1889 年
发 明 人：威廉·米德尔布鲁克

回形针似乎是所有发明中最简单的一种（它只是一小段弯曲的金属丝），但是这种用来夹纸的、小小的办公用品的形成，也同样经过了漫长的发展过程。

早期纸夹有缺陷

最初人们把纸张固定在一起时，所使用的最普遍的工具还都是针。但针损害纸张，偶尔还会因刺破手指头而伤害到使用者。后来，一个叫约翰·瓦勒的挪威发明家，认为他能够解决这个问题。于是在 1901 年，他设计出了一种金属丝纸夹，并为此申请了专利。几乎与此同时，另外几个发明家也提出了类似的设计。但是，所有这些早期的纸夹都存在着一个问题：当使用者推动夹子时，突出的金属丝末端会刺到纸里而戳破纸张，对纸张造成的损害甚至超过了针。

回形针的诞生

这种现象延续了好长一段时间，直到美国康涅狄格州沃特堡的工程师威廉·米德尔布鲁克，在 1889 年制造出一台能够使金属丝纸夹弯曲的机器才基本解决了这一问题。米德尔布鲁克发明的这台机器所制成的产品有一个双重环圈，这样就使得它不会损坏纸张。而它的样子和如今的回形针几乎一样。后来，人们在使用的时候，又对它进行了一些细微的加工与改进，完美的回形针便诞生了。

提起现在的回形针，除了一些传统的金属丝制品外，更有许多采用了涂上不同颜色的塑料制品。这不仅使回形针更有吸引力，而且使用者可以用不同颜色的回形针为纸页"编码"，从而使它的用途也更加广泛起来。

记录文字的薄片
——纸的发明问世

起　　源：东汉问世
问世年代：公元 105 年
发 明 人：蔡伦

纸，是我们司空见惯的东西，它是我国古代的四大发明之一，它的发明人——蔡伦，想必大家不会陌生。

"蔡侯纸"在我国诞生

在我国商朝时，人们曾经把文字一笔一画地刻到龟甲和牛、羊、猪等动物的肩胛骨上；随后，人们又用规格一致的木片（又称牍）和竹片（又称简）来书写文章；以后，还出现了以丝织品缣帛为纸来书写的办法。

东汉时期，随着经济和文化的发展，竹简、缣帛越来越不适应书写的要求。为了制造一种比较理想的书写材料，蔡伦在前人利用废丝棉造纸的基础上，采用树皮、麻头、破布、废渔网为原料，成功地制造了一种既轻便，又经济的纸张，并总结出一套较为完善的造纸方法。公元 105 年（元兴元年，汉和帝刘肇年间），蔡伦将造成的纸张献给了朝廷。从此，纸张开始得到推广，并在全国通称蔡伦造的纸为"蔡侯纸"。

造纸术在世界兴起

到了公元 8 世纪的时候，纸在我国已经得到了广泛的使用，这之后的几个世纪中，我国将纸出口到亚洲各个地方，并严保造纸秘密。直到公元 751 年，唐朝和阿拉伯帝国发生冲突，阿拉伯人俘获几名中国造纸工匠，才使这门技术流传出去，并很快在世界各地兴起。

据史书记载，在蔡伦发明造纸术后的 1000 多年，欧洲才建立第一个造纸厂。虽然现代的造纸工业已很发达，但其基本原理仍跟蔡伦造纸的方法相同。造高级印刷纸、卷烟纸、宣纸和打字蜡纸等，仍不外蔡伦所用的破布、树皮、麻头、废渔网等原料。

蔡伦对我国乃至人类社会发展所产生的影响都是巨大的，并且这种影响还将持续下去，直至永远。

光学投影的仪器
——投影仪的诞生

起　　源：德国
问世年代：公元 673 年
发 明 人：奇瑟

　　投影仪又称投影机，目前投影技术日新月异，随着科技的发展，投影行业也发展到了一个至高的领域。主要通过 3M LCOS RGB 三色投影光机和 720P 解码技术，把传统庞大的投影机精巧化、便携化、微小化、娱乐化、实用化，使投影技术更加贴近生活和娱乐。

"皮影戏"是全球最早的光学投影娱乐系统

　　投影仪的前身其实就是幻灯机，在十几年前，大部分学校还在使用这种设备为学生播放课件。但是大家有没有想过幻灯机的前身是什么呢？其实我国古代的皮影戏和走马灯就是早期的幻灯机，都是利用光与影的技术来为用户展现画面。

　　《汉书·外戚传上·孝武李夫人》记载，汉武帝最宠爱的妃子李夫人死后，汉武帝伤心欲绝、朝思暮想。道士李少翁，知道汉武帝日夜思念已故的李夫人，便说他能够把夫人请回来与皇上相会。汉武帝十分高兴，遂宣李少翁入宫施法术。

　　李少翁要了李夫人生前的衣服，准备净室，中间挂着薄纱幕，幕里点着蜡烛，果然，通过灯光的照映，李夫人的影子投在薄纱幕上，只见她侧着身子慢慢地走过来，一下子就在纱幕消失了，实际上，李少翁表演的是一出皮影戏，并且是最早有关于幻灯技术的记载。

元代时，皮影戏曾传到各个国家，这种源于中国的艺术形式，吸引了多少国外戏迷，人们亲切地称它为"中国影灯"。这也为后来外国人发明幻灯机和投影机提供了基础。

现代投影仪的发展

在投影史上，1640 年是非同寻常的一年。一个名叫奇瑟的耶稣教会教士发明了一种叫魔法灯的幻灯机，运用镜头及镜子反射光线的原理，将一连串的图片反射在墙面上，在当时那是了不起的发明，相当受欢迎，很多人挤破了门槛要看看是怎么回事。

"人怕出名猪怕壮"，这在外国也是同样的道理。奇瑟因此被指控施妖术，结果，他带着他的幻灯机一起上了天堂。看来，每一次的新发明、新创作要让人们马上接受都不是太容易的。

1654 年，德国人基夏尔首次记述了幻灯机的发明，最初幻灯机的外壳是用铁皮敲成一个方箱，顶部有一类似烟筒的排气筒，正前方装有一个圆筒，圆筒中用一块可滑动的凸透镜，形成一个简单的镜头，镜头和铁皮箱之间有一块可调节焦距的面板，箱内装有光源，最初的光源是烛光。使用时，把幻灯机置于一个黑房内，将幻灯片插入凸透镜后面的槽中，点燃蜡烛，光源通过反光镜反射汇聚，通过透明画片和镜头，形成一根光柱映在墙幕上。

随着工业革命的蓬勃发展，幻灯机也进入了工业化时代。幻灯机的工业化生产开始于 1845 年，光源也从初时的蜡烛，先后改为油灯、汽灯，最后改用为电光源。为了提高画面的质量和亮度，还在光源的后面安装了凹面反射镜，光源的增大，使得机箱的温度升高，为了散热，在幻灯机中加装了排气散热结构。输片也改为自动的了。最早的幻灯片是玻璃制成的，靠人工绘画。在 19 世纪中叶，美国发明了赛璐珞（硝化纤维塑料，是塑料的一种。）胶卷后，幻灯片即开始使用照相移片法生产。我们今天广泛使用的幻灯机，就是在 19 世纪幻灯机的基础上发展改进而成的。

二战后，人类迎来了第三次科技革命，电脑的发明、集成电路的大量出现，也使投影机进入数字化时代。1989 年，爱普生和索尼拥有了液晶板的核心技术，同年，世界上第一台液晶投影机——爱普生的 VPL-2000 诞生，在投影界掀起了一次液晶狂潮。巴可、东芝、科视、明基都纷纷推出自己的投影新产品，一时间，投影界风起云涌。

飞翔的文字
——电报的发明

起　　源：美国
问世年代：1831 年
发 明 人：塞缪尔·莫尔斯

　　1844 年 5 月 24 日，在人类通讯史上是一个庄严的时刻。这一天，美国首都华盛顿沉浸在节日般的热烈气氛中。国会大厦外面聚集着成千上万的人，怀着急切而兴奋的心情，从四面八方赶来观看"用导线传递消息"的奇迹。

　　在国会大厦联邦最高法院会议厅里，一个皮肤黝黑、心情激动的人，正对着几位被邀请来的科学家和政府人士，讲解他发明的电报机原理。接着，他接通电报机，按照预先约定的时间，亲手向 64 公里以外的巴尔的摩发出了历史上第一份长途电报。

　　这个最早发明电报的人名叫塞缪尔·莫尔斯。有趣的是，他既不是物理学家，也不是工程师，而是画家。一个画家怎么会最早发明电报而成为现代通讯的奠基人的呢？

一个魔术的灵感

　　1831 年 10 月 19 日，"绪利"号客轮从法国沿海港口起航驶向美国纽约。在这艘大帆船上，有一位在法国学习美术的美国人莫尔斯。在船舱内，莫尔斯遇到了从巴黎讲授电学结束回国的杰克逊博士。于是，在漫长的航海途中，他们两人成了亲密的旅伴。在船上，他被杰克逊的"魔术"表演深深吸引住了。只见杰克逊手里摆弄着一块马蹄形铁，上面绕着一圈圈绝缘钢丝。杰克逊让马蹄铁上的钢丝通上电，结果奇迹出现了：那些撒在马蹄铁附近的铁钉、铁片，立即被吸了过去；当切断电源时，那些铁钉、铁片又很快掉了下来。

杰克逊向大家解释说，这是电磁感应现象。尽管莫尔斯当时对电学知识一窍不通，但杰克逊的这个电磁感应试验却引起他的极大兴趣。当时，有一旅客随便地问杰克逊博士：电的速度是多少？杰克逊博士答不出来，然而却引起了莫尔斯对电学的兴趣。后来，在甲板上，莫尔斯和杰克逊对这一问题进行了长时间的讨论。正是这次讨论，使莫尔斯毅然放弃了对美术的研究。一个新奇的想法如闪电一样掠过他的脑海：电线通电后能产生磁性，如果利用电流的断续，使磁针做出不同的动作，把动作再编成符号，这些符号分别代表不同的含义，这样岂不是可以利用电磁感应原理，发明出一种既迅速又准确的通信工具了吗？

当"绪利"号大帆船抵达美国时，经过了大西洋上惊涛骇浪颠簸的莫尔斯，充满信心地对"绪利"号船主说："不久世界上会出现一种令人惊奇的电报，这种给航海带来福音的发明的起端，正在你的船上。"

"电报发明日"的来历

回到纽约后，莫尔斯立即投入了电报机的发明工作。整整三年过去了，试验还没有取得什么成果。可以想象，一个从未学过电学知识，又没有机械制造技术的画家，要发明一种全新的发报机，该有多么困难啊！但莫尔斯毫不气馁，毫不动摇，继续充满信心地进行试验。他一方面刻苦学习有关知识，同时还拜电学家亨利为师，并得到贝尔父子的大力支持。

1839 年 9 月 4 日，经过无数次试验后，莫尔斯发明的电报机终于能够在 500 米范围内有效地工作了。他和贝尔两人还共同成功研制了一种用点、线符号来表示不同英文字母的"莫尔斯电码"。

1843 年，美国国会通过决议案，拨款 3 万元，资助莫尔斯建造世界上第一条电报线路。经过一年的努力，到 1844 年，长途电报通讯终于实验成功了。莫尔斯在电报机的发明与创造上，一共奋斗了 12 年。当电报机制造成功时，他已经是一个两鬓斑白，年已 52 岁的老人了。这个放弃了美术事业而又为人类做出巨大贡献的人，将永远被人们所怀念。

为了纪念当时莫尔斯对"绪利"号船主说的话变成现实，人们把莫尔斯和杰克逊在"绪利"号轮上相遇的一天，称为"电报发明日"。

打印文件的好伙伴
——打字机的诞生

起　　源：美国
问世年代：1867 年
发 明 人：克里斯托夫·拉森·肖尔斯

世界第一名实用即真正的打印机的发明人是一位美国人，他的名字叫肖尔斯，在美国一家烟厂里工作，跟打字机没有一点关系，但由于一连串的奇遇和巧合，使他成了这项专利的持有人。

世界上第一台打字机诞生

克里斯托夫·拉森·肖尔斯有一位在一家公司当秘书的妻子。由于妻子工作忙，经常将做不完的工作带回家，连夜赶写材料，非常辛苦。肖尔斯怕把爱妻累坏了，只好帮助她抄写，有时写到深夜，两人往往都写得手酸臂疼。于是，肖尔斯开始有了发明写字机器的想法。

最初，肖尔斯打听到一位老技工叫白吉纳，他曾与别人一起研究过写字机器，于是肖尔斯去找白吉纳。白吉纳很喜欢肖尔斯的认真态度，便将他同那位已去世的朋友断断续续研究了十几年没有成功的写字机体模型送给了肖尔斯，并告诫肖尔斯：研究成写字机器是异常困难的事情。但肖尔斯决心已定，他把这些写字机雏形的机件像宝贝似的搬回了家，并开始了艰苦的研究工作。经过 4 年的努力，肖尔斯终于在 1867 年冬天发明出世界上第一台打字机。

知识
链接

打字机制造行业的终结

　　打字机在过去的一百多年是人们打印文件的好伙伴，噼噼啪啪的打字声和纸上的油墨一度也是电影中不可或缺的场景，但是 2011 年 04 月 27 日，全球仅存的生产打字机的厂商也宣告停业，由于打字机业务被电脑逼到了墙角，他们将停止在印度孟买生产打字机产品。这意味着世界上将不会再有批量生产的打字机出现。

办公必备工具
——订书机的出现

起　　源：美国
问世年代：1869 年
发 明 人：托马斯·布里格斯

　　在众多的办公用具中，订书机大家都应该经常用到，它为人们提供了把许多页纸装订在一起加以保存的理想手段。然而你知道吗？最早的订书机根本与办公室扯不上关系，它的出现完全是因为印刷工业的需要。

提高订书速度的研究

　　1869 年以前，在印刷行业里，装订图书还都是采取非常传统的方法，就是按照"贴码"将书页缝合起来。这是一个相当复杂的工序，对熟练的装订工人来说是简单的，但由一部机器来做却很困难，尤其是生产那些要求快的小册子和杂志的时候。因此，想提高工作速度的装订工人，都试图寻找到用小段弯铁丝来进行装订的办法。

订书针的出现

　　1869 年，美国马萨诸塞州波士顿的托马斯·布里格斯发明了一个能担当此任的机器。这个机器先将铁丝轧断并使它弯成 U 形。然后，装订工人再用手把这个 U 形铁丝穿在书页上，最后再使用这台机器将 U 形铁丝弯一下，将书固定好。

最初的订书机是相当复杂的，因为它有许多道操作步骤。因此，在 1894 年的时候，布里格斯又将最初的订书机在工序上进行了改进，该工序首先将铁线轧断并弄弯，做成一串"U"形订书钉，（早期的"U"形钉包在纸里，使用时再单个地装进订书机里。直到 20 世纪 20 年代订书机普及之后，U 形钉才被黏合成一长条投放到市场上。）这些钉子可以装进经过改进后简单得多的机器里，该机器可以直接把这些钉子嵌入纸张中去，从而省去了一道人工手续。这个机器就是如今办公室和家里订书机的原型。

知识
链接

印刷术起源于中国，发源于中国人独有的印章文化，它是由拓石和盖印两种方法逐步发展而合成的，是经过很长时间，积累了许多人的经验而成的，是我国古代劳动人民智慧的代表，它对人类文明的贡献是不可估量的。因此，有人把印刷术称为"文明之母"，这是再恰当不过的了。现存最早的文献和最早的中国雕版印刷实物是在公元 600 年，即唐朝初期。

人类通话史上的里程碑
——电话的发明

起　　源：美国
问世年代：1876 年
发 明 人：亚历山大·格拉汉姆·贝尔

　　在美国波士顿法院路 109 号楼的门上，钉着一块青铜版子，上面用醒目的金字写着："1875 年 6 月 2 日，电话在这里诞生。"

人类通讯史上的里程碑

　　电话发明前，电报已经发明了，但电报有很大的局限性，它只能传达简单的信息，而且要译码，很不方便。贝尔，就是发明电话的人。他 1847 年生于英国，年轻时跟父亲从事聋哑人的教学工作，曾想制造一种让聋哑人用眼睛看到声音的机器。1873 年，成为美国波士顿大学教授的贝尔，开始研究在同一线路上传送许多电报的装置——多工电报，并萌发了利用电流把人的说话声传向远方的念头，使远隔千山万水的人能如同面对面的交谈。于是，贝尔开始了电话的研究。

　　那是 1875 年 6 月 2 日，贝尔和他的助手沃森分别在两个房间里试验多工电报机，一个偶然发生的事故启发了贝尔。沃森房间里的电报机上有一个弹簧粘到磁铁上了，沃森拉开弹簧时，弹簧发生了振动。与此同时，贝尔惊奇地发现自己房间里电报机上的弹簧颤动起来，还发出了声音，是电流把振动从一个房间传到另一个房间。贝尔的思路顿时大开，他由此想道：如果人对着一块铁片说话，声音将引起铁片振动；若在铁片后面放上一块电磁铁的话，铁片的振动势必在电磁铁线圈中产生时大时小的电流。这个波动电流沿电线传向远处，远处的类似装置上不就会发生同样的振动，发出同样的声音吗？这样声音就沿电线传到远方去了。这不就是梦寐以求的电话吗！贝尔和沃森按新的设想制成了电话机。在一次实验中，一滴硫酸溅到贝尔的腿上，疼得他直叫喊："沃森先生，我需要你，请到我这里来！"这句话由电话机经电线传到沃森的耳朵里，电话成功了！

1876 年 3 月 7 日，贝尔成为电话发明的专利人。1877 年，也就是贝尔发明电话后的第二年，在波士顿和纽约架设的第一条电话线路开通了，两地相距 300 公里。也就在这一年，有人第一次用电话给《波士顿环球报》发送了新闻消息，从此开始了公众使用电话的时代。一年之内，贝尔共安装了 230 部电话，建立了贝尔电话公司，这是美国电报电话公司（AT&T）前身。

电话的发明权之争

从 19 世纪 50 年代起，就有一批科学家受电报发明的启发，开始了用电传送声音的研究。在这批人中，有美国人贝尔、格雷、爱迪生、法拉，德国人李斯，法国人波塞尔，意大利人墨西等。

贝尔在美国专利局申请电话专利权是 1876 年 2 月 14 日；而就在他提出申请两小时之后，一个名叫 E·格雷的人也走进专利局，也申请电话专利权。格雷的原理是利用送话器内部液体的电阻变化，而受话器则与贝尔的完全相同。翌年，即 1877 年，爱迪生又取得了发明碳粒送话器的专利。三者间专利之争错综复杂，直到 1892 年才算告一段落。造成这种局面的一个原因是，当时美国最大的西部联合电报公司买下了格雷和爱迪生的专利权，与贝尔的电话公司对抗。

长时期专利之争的结果是双方达成一项协议，西部联合电报公司完全承认贝尔的专利权，从此不再染指电话业，交换条件是 17 年之内分享贝尔电话公司收入的 20%。

2002 年 6 月 16 日，美国众议院通过表决，推翻了贝尔发明电话的历史，承认梅乌奇是发明电话的第一人。

在美国众议院作出决议之后，加拿大众议院很快也作了一项决议，重申贝尔是电话发明人，以此来反击美国众议院。看来电话发明权之争一时还难以平息。

传送图画的机器
——传真机的历史

起　　源：俄国
问世年代：1883 年
发 明 人：保尔·尼泼科夫

作为传输工具，传真机以其特有的性能为人们服务着，然而提起它的起源就不能不提到英国人贝恩，1842 年的时候他就曾提出通过电路传送图像、文字的设想，但因当时条件所限，此研究未能成形。直到 1883 年，俄国大学生保尔·尼泼科夫才将它变为现实。

传真机的诞生过程

保尔·尼泼科夫格外喜欢通信技术，尤其对电报能传送人的意图，电话能传送人的声音的功能感到神奇。不知何时，在尼泼科夫的脑海里萌发了"研制一种传送图像装置"的想法，这一设想和贝恩不谋而合。

一天，课余时间，尼泼科夫在教室里尝试设计传真装置。忽然，他看见左右邻桌的两位同学正在做一种游戏：他们桌上各放着一张大小相同的纸，纸上画满大小相同的小方格；尼泼科夫右侧的同学在纸上写了一个字，然后按照一定的顺序告诉对方哪一个小格是黑的，哪一个小格是白的，对方按照他发出的指令，或用笔将小方格涂黑，或让它空着。这样，待左侧的同学将全部小方格都按指令处理后，纸上便出现了与右侧同学写的相同的字。

尼泼科夫看着看着，突然想道："任何图像都是由许许多多的黑点组成的，如果把要传送的图像分解成许多细小的点，再借助一定的科学方式把这些点变成电信号，并传送出来，那么接收的地方只要把电信号再转化为点，并把点留在纸上，不就实现了图像的传真了吗？"但想要实现传真，首先，必须找到将图像分解成许多的点的办法。

这时，尼泼科夫想起儿时玩耍过的风车，受此启发，他研制出一台扫描机器：在图像前，紧挨着放置一个可转动的螺旋穿孔圆盘，在圆盘前面装有一个电灯。这样，当光穿过不断运动的孔时，受图像明暗的影响，光有时亮，有时暗。接着，就是把变化的光信号变成变化的电信号，这个"任务"由光电管完成，因为光电管能根据光的亮度产生相应的电流，发送装置就此大功告成。接收装置只要像电报机电码的复原一样，采用与发送相反的方式就行了。经过一段时间的制作，尼泼科夫做成了圆盘式传真机，并申请到了专利。

当然，受当时电子科学技术发展水平的限制，这台圆盘式传真机的传真效果还不理想，但它却为后来的研究者指明了方向。

传真机的发展方向

热敏纸传真机发展的历史最长，现在使用的范围也最广，技术也相对成熟，但是功能单一的缺点也比较突出，需要长期保存的传真资料还需要另外复印一次，这也比较麻烦，但是如果传真量比较大或者是传真需求比较高，而且也确实不需要扫描和打印功能的用户，热敏纸传真机是比较合适的选择。

随着喷墨、激光一体机技术发展的不断成熟，其强大的多功能性也不断在现代化的办公应用中得到广泛应用，对于提高办公设备的利用率和工作效率还是有比较大的帮助的。因此如果是有电脑在身边的话，一台具有扫描、打印、打印到传真等多功能的传真机也是不错的选择。

捕捉图像的能手
——扫描仪的应用

起　　源：德国
问世年代：公元673年
起名人：尼普科夫

　　扫描仪对我们来说并不是陌生之物，现在几乎每家公司的办公室里都有它的一席之地。扫描仪是一种计算机外部仪器设备，通过捕获图像并将之转换成计算机可以显示、编辑、存储和输出的数字化输入设备。照片、文本页面、图纸、美术图画、照相底片、菲林软片，甚至纺织品、标牌面板、印制板样品等三维对象都可作为扫描对象。

扫描仪的发展简史

　　1884年，德国工程师尼普科夫利用硒光电池发明了一种机械扫描装置，这种装置在后来的早期电视系统中得到了应用，到1939年机械扫描系统被淘汰。虽然跟后来100多年后利用计算机来操作的扫描仪没有必然的联系，但从历史的角度来说这算是人类历史上最早使用的扫描技术。

　　1984美国拉斯维加斯推出世界第一台桌上型光学黑白影像扫描仪。1985推出全球第一台300dpi桌上型光学黑白影像扫描仪。1986推出世界第一台桌上型平台式黑白影像扫描仪。

　　扫描仪由扫描头、控制电路和机械部件组成。采取逐行扫描，得到的数字信号以点阵的形式保存，再使用文件编辑软件将它编辑成标准格式的文本储存在磁盘上。从诞生至今，扫描仪的品种多种多样，并在不断地发展着。

扫描仪的类型

早期的扫描仪主要有滚筒式扫描仪和平面扫描仪，近几年才出现了笔式扫描仪、便携式扫描仪、馈纸式扫描仪、胶片扫描仪、底片扫描仪和名片扫描仪。

滚筒式扫描仪一般使用光电倍增管 PMT，因此它的密度范围较大，而且能够分辨出图像更细微的层次变化。

这种扫描仪诞生于 1984 年，是目前办公用扫描仪的主流产品。扫描幅面一般为 A4 或者 A3。而平面扫描仪使用的则是 CCD（光电耦合器件），故其扫描的密度范围较小。CCD 是一长条状有感光元器件，在扫描过程中用来将图像反射过来的光波转化为数位信号，平面扫描仪使用的 CCD 大都是具有日光灯线性陈列的彩色图像感光器。

笔式扫描仪出现于 2000 年左右，扫描宽度大约只与四号汉字相同，使用时，贴在纸上一行一行的扫描，主要用于文字识别。

便携式扫描仪小巧、快速，因其扫描效果突出，扫描速度仅需 1 秒，价格也适中，扫描仪体积非常小巧而受到广大企事业办公人群的热爱。

馈纸式扫描仪诞生于 20 世纪 90 年代初，随着平板式扫描仪价格的下降，这类产品也于 1997 年后退出了历史舞台。

知识
链接

CCD，中文全称是光电耦合器件，也可以称为 CCD 图像传感器。CCD 是一种半导体器件，能够把光学影像转化为数字信号。CCD 上植入的微小光敏物质称作像素。一块 CCD 上包含的像素数越多，其提供的画面分辨率也就越高。CCD 的作用就像胶片一样，但它是把图像像素转换成数字信号。CCD 上有许多排列整齐的电容，能感应光线，并将影像转变成数字信号。经由外部电路的控制，每个小电容能将其所带的电荷转给它相邻的电容。

最受爱戴的"小老鼠"
——鼠标的发明

起　　源：美国
问世年代：1983 年
发 明 人：道格拉斯·思格尔巴特

　　在个人电脑热席卷全球的今天，几乎没有一台电脑是不配备鼠标的。鼠标是电脑的最佳拍档，但是很少有人知道鼠标的发明者是谁。

　　鼠标全称：显示系统纵横位置指示器，因形似老鼠而得名"鼠标"。"鼠标"的标准称呼应该是"鼠标器"，英文名"Mouse"。鼠标的使用是为了使计算机的操作更加简便，来代替键盘那些烦琐的指令。

恩格尔巴特确立人生目标

　　20 世纪 50 年代初，美国人恩格尔巴特着手设计基于计算机的问题解决系统，试图通过机器增加人类的智慧。这一工程一拉开，他就沉迷于其中。

　　二战结束后，恩格尔巴特回国继续他的学业，1948 年，他获俄勒冈州立大学的电机工程学学士学位，毕业后去旧金山的阿梅斯实验室当了三年电气工程师。在工程师的岗位上他没有很大收获，当时，恩格尔巴特突然意识到他的三个目标：一个学位、一份工作、一个妻子，全部都实现了。他成了一个没有目标的人。他在路上认真思考：这一生还剩下 550 万分钟的工作时间，有什么事值得他投资呢？ 1950 年

12月，25岁的他开始思考新的人生目标。

当时硅谷还是世界上最大的果园。电子工业刚刚从几个车库中冒出一点萌芽来。当恩格尔巴特第一次听到计算机时，凭他多年从事雷达领域的工作经验，他猜想如果机器能用穿孔卡显示信息，并在纸上输出，或许就可以将信息写在或画在屏幕上。

鼠标诞生了

1963年，他用木头和小铁轮制成了最初的鼠标。70年代，施乐公司在吸收了恩格尔巴特的成果之后，又不断完善恩格尔巴特的发明。1983年1月，苹果电脑公司推出的"莉萨"个人电脑，这种电脑首先配置了鼠标。在专利证书上，鼠标的正式名称叫"显示系统纵横位置指示器"，然而当有人称呼它"鼠标"后，这个名字得到了世人的认同，并且很快就流传开来了。

办公室的 "好帮手"

——复印机的研究

起　　源：美国
问世年代：1938 年
发 明 人：切斯特·卡尔森

　　复印机是可以从书写、绘制或印刷的原稿得到等倍、放大或缩小的复印品的设备。复印机复印的速度快，操作简便，与传统的铅字印刷、蜡纸油印、胶印等的主要区别是无须经过其他制版等中间手段，而能直接从原稿获得复印品。复印份数不多时较为经济。

复印机的发明过程

　　复印机是现代办公的必备设备之一，然而，你知道吗？它的诞生过程可是十分地艰难！多年以前，有位美国工程师切斯特·卡尔森，他在工作中发现，公司常常需要多份同样的信函、公文送交各个部门，而这些同样的信函、公文都得让秘书抄写。由于字多的时候，抄写者容易出差错，而且份数太多时还耽误工作。这种不便和带来的麻烦，使卡尔森产生了一定要改变这种局面的想法，他决心研制一种能够复印文件的机器。

　　卡尔森伟大的创意立即开始了实施，在经过长时期潜心研究和探索之后，他终于成功地绘制出一张复印机的设计图。但当时没有哪个企业肯帮助他开发这一项他们闻所未闻的发明，卡尔森只好在自己家中的厨房和浴室里独自进行复印机制造。由于他白天上班，晚上又废寝忘食地工作，筋疲力尽的卡尔森，最后只能请了一名叫奥托·科尼的助手。

第一张复印图文诞生了

科尼是一个勤奋的青年，他协助卡尔森夜以继日地苦拼了三周，终于把复印机制造了出来，并成功地进行了第一次机器复印图片的试验，这张仅 5 厘米见方，印有 "Astorsal0-22-38" 的小图片已成了珍贵文物，它记载了一个历史日期。那便是历史上第一台复印机和第一张复印图文诞生的日子——1938 年 10 月 22 日。

知识
链接

摆放复印机的环境要合适，要注意防高温、防尘、防震，还要注意放在不容易碰到水的地方。在复印机上不要放置太重的物品，避免上面板受到重压而变形，影响使用。最重要的是，要把复印机摆放到通风好的场合，因为复印机工作时候会产生微量臭氧，长期接触对操作人员的健康有害。

第三章

残酷的文明——现代武器

人类文明的进步细究起来完全依赖于军事科技的发明创造，只有竞争才激发了人们更大创造欲望，人们为丈量出一块土地的大小，可以算出圆周率，而最初的GPS系统也不是为了民生，而是为了国防军事。所以，有时文明是残酷的。而今天的武器可以说是代表了最先进的科技。

永远的经典
——毛瑟步枪

生产国：德国

列装：1871 年

口径：7.92 毫米

全枪重：3.9 千克

弹容量：5 发

射程：50 米

　　1867 年德国毛瑟两兄弟——威廉·毛瑟与保罗·毛瑟设计了一种旋转式闭锁枪机的后装单发步枪，成为数十年风靡全世界的名枪。

毛瑟步枪进化史

　　毛瑟兄弟发明的步枪在 1871 年被德国采用成为标准的制式步枪，并命名为 1871 式步枪，这是历史上第一种毛瑟步枪。之后出现的大多数的旋转后拉式枪机都是根据毛瑟兄弟所设计的原理来设计的。

　　在法国人发明了无烟火药后，毛瑟兄弟又对毛瑟步枪做了进一步的改进，增设弹仓供弹和改用发射无烟火药步枪弹。毛瑟步枪不断地改进和完善设计，改进了枪机以及由单排弹仓改为双排弹仓供弹。毛瑟步枪很快就在全世界流行起来。

　　德国在 1898 年采用新改进的 1898 式毛瑟步枪作为制式步枪，新步枪被德国军方命名为 G98。这种枪的主要特征是固定式双排弹仓和旋转后拉式枪机，这是德国军队步兵在第一次世界大战中的制式步枪。毛瑟式枪机以安全、简单、坚固和可靠著名，绝大多数手动式步枪都是根据其设计的旋转后拉式枪机应用或改进而来。毛瑟步枪及其变型枪几乎成为世界范围内的标准陆军装备。

G98 式步枪在堑壕战中使用显得太长，使用与携行都不方便，于是考虑研制卡宾枪型。首先有 98A，是缩短枪管为 0.6 米的骑枪，或称卡宾枪型。长度由 1.25 米缩短为 1.1 米，拉机柄由直型的改为下弯式，背带环改在枪身侧面，方便携行。

在第一次世界大战之后，德国人融合了实战经验加以改进，有了 98B，仍然是 G98 式步枪 29.1 英寸枪管，拉机柄改为下弯式，增加了空仓挂机设计，提醒士兵弹仓已空。

在 98B 毛瑟步枪以及标准型毛瑟步枪的改进基础上，最终在 1935 年德国正式采用 Kar98k 毛瑟步枪，成为纳粹德国的制式步枪，一直沿用到第二次世界大战结束后。

毛瑟公司的起起落落

19 世纪末期，德国步枪的设计和生产都掌握在保罗·毛瑟手里，他很不满意德国军队擅自设计和采用 88 式步枪，并开始着手对毛瑟步枪进行改进，很快就推出了一系列毛瑟步枪。保罗·毛瑟不断地改进和完善他的设计，先后推出了 1894 式和 1895 式步枪。从 92 式到 95 式这一系列的毛瑟步枪被卖到比利时、西班牙、墨西哥、智利、乌拉圭和伊朗等国家。随着毛瑟步枪的名气不断攀升，保罗·毛瑟也逐渐全面控制了皇家兵工厂的股份，最终在 1897 年把皇家兵工厂重新改组成毛瑟武器制造股份公司。

除了生产步枪外，毛瑟公司也生产该工厂雇员费德勒三兄弟设计的驳壳枪，但由于该手枪最后申请专利的是公司的老板，所以这种手枪也被称为毛瑟手枪。毛瑟公司最著名的产品是 98k 式短卡宾枪，这是二战前在原来的 98 式步枪的基础上改进和缩短而成的，并在二战期间成为纳粹德国的制式步枪。在 1940 年，毛瑟公司被邀请参加新型半自动步枪的投标，但可惜毛瑟公司的原型枪试验失败，在经过短期试产后就被取消。

当纳粹德国战败后，毛瑟公司处于法国的控制之下，整个兵工厂遭到占领军的破坏。现在的毛瑟公司只是属于德国防务企业莱茵金属公司下的一个子公司，其主要的业务只是生产 BK—27 转膛式自动炮，在轻武器业务方面已经完全没落，只有一些名气不大产量不多的民用产品。

手枪明星
——沙漠之鹰 92 式手枪

生产国：以色列
列装：1994 年
口径：12.7 毫米
全枪重：2050 克
弹容量：7 发
射程：200 米

　　沙漠之鹰自动手枪是以色列军事工业公司的一项大胆尝试，在设计沙漠之鹰手枪时舍弃了传统自动手枪所用的各式弹药，而采用左轮手枪所使用的子弹。这是一种大威力、高精度、远射程的手枪。

威力惊人的"袖珍炮"

　　沙漠之鹰是以色列军事工业公司生产的，这种说法不是很准确，应该说它是美国人和以色列人的共同作品。早在 1979 年，几个美国人创立了马格努姆研究公司，准备研制一种使用 0.357 毫米口径左轮手枪子弹的半自动手枪，但由于供弹系统的问题，不得不求助于以色列军事工业公司。

　　首把原型枪于 1981 年完成，并在两年后推上市场。紧随不久，威力更大的 0.44

毫米口径沙漠之鹰又推出了。1987 年和 1991 年，又分别研制成功了 0.41 毫米口径和 0.50 毫米口径的沙漠之鹰。0.50 毫米口径的沙漠之鹰，在当年的纽伦堡国际机床展览会上以"沙漠风暴"的名字首度展出，引起了轰动。

传统的左轮手枪，因为"四处漏风"，虽然后助力较小，但弹头初速不高。以色列军事工业公司认真参考了步枪的设计，经过改良后运用到沙漠之鹰上，在减少后助力的同时也确保了良好的稳定性。曾经有一名射手，使用 0.44 毫米口径的沙漠之鹰，在 15 码的距离外，20 秒内射完一个 8 发弹匣，其子弹的着点半径仅 5 厘米，可见准确度之高。为了适应狩猎的要求，以色列军事工业公司还为沙漠之鹰设计了枪管改装套件和瞄准镜器具，受到了狩猎人士的广泛欢迎。

沙漠之鹰的威力令人称道，被称作"袖珍炮"。加长枪管后的沙漠之鹰，射程达 200 米，可以轻易地射倒一头驯鹿。

军用外表的民用枪

出乎大多数人意料的是，除个别人的偏爱之外，沙漠之鹰手枪从来不是，也一直没有成为过军用手枪。这是因为无论是军用还是警用手枪，先敌开火和首发命中是最主要的，但是"沙漠之鹰"操作的复杂性，决定了它在突发情况下，仅是出枪和瞄准这两个步骤，就需要比其他军用手枪更多的时间，这足以使使用者丧命了。

知识
链接

世界上
威力最大的手枪

世界上威力最大的手枪，并不是大名鼎鼎的沙漠之鹰，而是 M500 转轮手枪。

美国史密斯·韦森公司的 M500 转轮手枪，是手枪世界里威力最大的，它的口径为 0.50 英寸，即 12.7 毫米，和沙漠之鹰 92 式相同，但是它所发射的子弹的动能，是 0.50 口径"沙漠之鹰"的一倍：3517 焦耳，这已经达到了大威力步枪弹的动能，堪称手枪界第一。

该枪并不是军用手枪，而是用于狩猎大型猎物，一枪可以打死一头非洲象。

一般手枪的作战距离只有 10 米，"沙漠之鹰"赖以成名的高精度远射程在 10 米内毫无用武之地。一把反应快速并易于控制的普通手枪反而更加有效。

同时，高昂的造价也制约了"沙漠之鹰"成为军用武器的可能。以色列军队中曾有人呼吁将"沙漠之鹰"列为军队制式，以色列军事工业公司也推出过军用型的 9 毫米"沙漠之鹰"，但最终均未能如愿。只有少数沙漠之鹰系列手枪进入特种部队以作射击训练之用，但在真正的实战场合，大多数军队和警察并不选择"沙漠之鹰"作为制式装备。

一代枪王

——AK－47 击步枪

生产国：苏联

发明者：米哈伊尔·季莫费耶维奇

列装：1947 年

口径：7.62 毫米

全枪重：4.3 千克

弹容量：30 发

射程：400 米

苏联著名枪械设计师米哈伊尔·季莫费耶维奇·卡拉什尼科夫成名之作。A 是俄语里自动步枪的第一个字母，K 则是卡拉什尼科夫名字的第一个字母，47 是出厂年份，意为"卡拉什尼科夫 1947 年定型的自动步枪"。

结实可靠的步枪之王

相比第二次世界大战时期的步枪，AK－47 突击步枪枪身短小、射程较短，适合较近距离的战斗。7.62 毫米口径，发射 7.62×39 毫米 M1943 型中间型威力枪弹，容量 30 发子弹的弧形弹匣供弹，后备弹夹最多可带 90 发子弹，相当于 3 个弹夹。可选择半自动或全自动的发射方式。

1947 年被选定为苏联军队制式装备，1949 年最终定型，正式投入量产，伊热夫斯克军工厂负责生产。1951 年开始装备苏军。1953 年改变了机匣的生产方法，变冲压工艺为机加工艺，随即开始大量装备。苏军摩托化步兵、空军和海军的警卫、勤务人员使用木制或塑料制固定枪托型。AKC－47（英文 AKS－47）采用可折叠金属枪托的型号，枪托折叠长 645 毫米，供空降兵、坦克兵和特种兵使用。

AK－47 的枪机动作可靠，坚实耐用，故障率低，无论温度条件如何，射击性能都很好，尤其在风沙泥水中使用，性能可靠，即使连射时或有灰尘等异物进入枪内时，机械结构仍能保证其继续工作；勤务性好；结构简单，分解容易。

其主要缺点是，由于全自动射击时枪口上跳严重，枪机框后座时撞击机匣底，枪管较短导致瞄准基线较短，瞄具设计不理想等缺陷，影响了射击精度，200 米以外无法保证准确性，连射精度更低，其实只能满足以遭遇战为主的较近距离上战斗的要求，而且重量较大。

杀人最多的步枪

AK－47 是被广泛使用的步枪，装备了世界上 30 多个国家的军队，有的还进行了仿制或特许生产。苏联将 AK－47 系列步枪及其制造技术输出到世界各地。由于 AK－47 及其改进型令人惊诧的可靠性、结构简单、坚实耐用、物美价廉、使用灵便，许多第三世界国家甚至西方国家的军队或反政府武装都广泛使用。另外，世界上有许多国家进行了仿制或特许生产，其中包括前东德、前捷克斯洛伐克、前南斯拉夫、匈牙利、中国（其仿制品 1956 年式步枪曾长时间被称为 56 式冲锋枪）、波兰、罗马尼亚、保加利亚、埃及、古巴、朝鲜等，进入 21 世纪仍然在生产。

AK－47 系列步枪其使用广泛程度在轻武器历史上可能只有毛瑟步枪和柯尔特左轮手枪可以相比。卡拉什尼科夫则因 AK 系列步枪在世界范围内的广泛使用而被誉为"世界枪王"。自它诞生以来的 60 多年里，已经杀死了数百万人，而且这个数字还以每年 25 万的数量不断刷新着纪录。

开创新纪元
——马克沁重机枪

生产国：英国
发明者：马克沁
口径：7.62×39 毫米
射速：600 发 / 分
弹容量：333 发
射程：1000 米

马克沁重机枪，中国称赛电枪，该枪为英籍美国人海勒姆·史蒂文斯·马克沁于 1883 年发明，并进行了原理性试验，1884 年获得专利。是世界上第一种真正成功的以火药燃气为能源的自动武器。

首开自动武器的先河

1840 年 2 月 5 日，马克沁生于美国缅因州桑格斯维尔。小时候他家境贫寒，没有去上学。他虽然没有多少文化修养，但却天生喜欢思考，每天都要跑到叔叔的工厂中去研究他的各种发明。由于在电器方面的发明较多，马克沁不断遭到当时美国的电器老大——爱迪生公司的排挤，只好去伦敦开辟新的电器市场，并在那里定居。当时正值欧洲大陆战火纷飞，敏锐的马克沁很快意识到制造武器是一个好机会，于是他转变了自己的钻研方向，投向速射武器领域。

马克沁没有受过专业知识的训练，所以当时很多专家根本就看不起他。在 1883 年他开始进行机关枪原理性试验的时候，人们仍然不相信他能有什么发明。

马克沁在 1883 年首先成功地研制出世界上第一支自动步枪。后来，他根据从步枪上得来的经验，进一步发展和完善了他的枪管短后坐自动射击原理。他还改变了传统的供弹方式，制作了一条长达 6 米的帆布弹链，为机枪连续供弹。为给因连续高速射击而发热的枪管降温冷却，马克沁还采用水冷方式。马克沁在 1884 年制造出世界上第一支能够自动连续射击的机枪，射速达每分钟 600 发以上。

知识
链接

马克沁，凶焰滔天

马克沁重机枪首次实战应用是在 1893 — 1894 年，英国军队的一次战斗中，一支 50 余人的英国部队仅凭 4 挺马克沁重机枪打退了 5000 多祖鲁太人的几十次冲锋，打死了 3000 多人。

1895 年，阿富汗奇特拉尔战役和苏丹战役中，马克沁机枪也使进攻的敌人死伤累累。

真正让马克沁出风头的还是第一次世界大战，当时，德国陆军装备了超过 12500 挺 MG08 式马克沁重机枪，在索姆河战斗中，一天的工夫就打死 60000 名英军，成为第一次世界大战中死亡人数最多的一次。

护国英雄
——苏 –27

型号：苏－27
国籍：苏联
列装：1985 年
翼展：14.7 米
速度：1450 千米／小时

　　苏 –27 战斗机是苏联研发的一种重型战斗机，机长 21.935 米，翼展 14.7 米，机高 5.932 米，最大起飞重量 29000 千克，装有两台推力为 12500 千克的涡扇发动机，总推力 25000 千克，最大飞行速度为 2.35 马赫，作战半径 1500 千米。

　　苏 –27 战斗机的主要任务是国土防空、护航、海上巡逻等，是苏联空军使用的主要战斗机。北约组织给予它的绰号是"侧卫"，该机于 1969 年开始研制，1977 年 5 月 20 日进行首飞，1979 年投入大批生产，1985 年进入部队服役。

"护国英雄"的身材

　　该机采用翼身融合体技术，悬壁式中单翼，翼根外有光滑弯曲前伸的边条翼，双垂尾正常式布局，楔形进气道位于翼身融合体的前下方，有很好的气动性能，进气道底部及侧壁有栅型辅助门，以防起落时吸入异物。全金属半硬壳式机身，机头略向下垂，大量采用铝合金和钛合金，传统三梁式机翼，四余度电传操纵系统，无机械备份，这样的设计使它更完美。

　　该机主要是针对美国的 F–16 和 F–15 设计的，具有机动性和敏捷性好、续航时间长等特点，可以进行超视距作战。

该机完成的"普加乔夫眼镜蛇"机动动作显示出了它优异的飞行性能和操纵性能，以及发动机良好的加速性能，飞行性能要高于第三代战斗机。但它的机载电子设备和座舱显示设备相对来讲要落后许多，而且不具隐身性能。

然而它采用了双立尾布局、翼身融合体先进气动技术，置于机身下方两侧的方形二元进气道有可调进气斜板，并配有四余度电传操纵系统。良好的气动外形和操纵品质可以使飞机的机头保持在前方的飞行姿态。

真正的英雄

历史上苏–27战斗机发生过很多有意义的事件，让我们对它刮目相看。就在1989年的巴黎航空展览会上，普加乔夫驾驶苏–27飞机做出了机尾前行，机头后仰，最大飞行迎角为110°–120°的"眼镜蛇"机动动作，在时速为125千米的条件下不失速，引起了西方国家航空界的轰动。

1987年9月13日，巴伦支海上空，挪威空军第333飞行中队的扬·塞尔维森机组驾驶的P–3B型反潜巡逻机，正在苏联沿岸执行侦察任务。10时39分，该机与一架过去从未见过的苏联新式战机遭遇，10时56分，在距苏联海岸线48海里处，这架苏军战机第3次逼近P–3B，在稍加调整位置和方向后，猛然加力，从P–3B的右翼下方高速掠过，像手术刀那样将P–3B右翼外侧的发动机割开一个大口子，P–3B的飞行高度在一分钟内掉了3000多米，在坠海前的最后一刻才侥幸改平，勉强返航。

这就是冷战时期著名的"巴伦支海上空手术刀"事件，那架神秘的苏联战机，就是大名鼎鼎的苏–27，而这次冲突，被作为最著名的苏军空中撞击战例载入史册。苏–27从此就被誉为"护国英雄"！

扩展阅读

中国在1998年签订转移生产线协议前购得76架苏–27，此后于沈阳生产本土版歼–11。在2004年约有100架下线，截至2006年，中国再次购买了100架苏–30MKK/MK2，以苏–33为蓝本研制新型舰载机歼15。

飞行员的坟墓
——米格 –21

型号：米格 – 21
国籍：苏联
列装：1958 年
翼展：7.15 米
速度：2175 千米 / 小时

米格 –21 战斗机，1953 年研制成功，由苏联著名的米高扬 – 格列维奇公司设计，它是一种轻型超音速战机，单座单发。该型战斗机的原型机于 1955 年首次试飞，1958 年开始装备部队，是二次世界大战以后全球生产最多的一种飞机，目前仍有四大洲的近 50 个国家空军在使用米格 –21 战斗机。在 1956 年 6 月 24 日苏联航空节时参加飞行表演，1958 年开始装备部队，北约组织称它为"鱼窝"。

米格家族的装备

米格 –21 的设计分为 5 种类型大小不一，就像一个家族，每一个型号的战斗机都有不同的参数，而且从装备设计上有所不同。

在米格 –21 的研制初期制成了两种原型机，一为三角翼型，另一为 60° 后掠翼型，两者除机翼不同外，其他部分设计相似。北大西洋公约组织称它为"面板"。

然而，两种型别对比试飞后选中了三角翼型，并由此发展成一系列改型。就在 20 世纪 70 年代米格 –21 主要使用的武器是环礁和蚜虫空空导弹，外侧是非常少见的半主动雷达制导，内侧的导弹弹径 127 毫米，长 2.98 米，只能针对飞机尾喷管等高

温目标，射击角度很小，必须占据尾部位置，最大射程约 5 ~ 7 千米，是米格 –21
早期的主要武器，参加过越南战争。

米格 –21 采用复合挂架挂装的导弹。这种导弹长 2.15 米，弹径 130 毫米。重量较轻，
仅有 55 千克。具有部分全向射击能力。不过由于轻小，战斗射程仅为 5 ~ 7 千米。
在第三次中东战争中，战绩不佳。

现在它是典型的第二代轻型超音速战斗机，生产数量超过 5000 架，是世界上生
产数量最多的超音速战斗机之一，具有 20 种以上的改型，参加过自 20 世纪 50 年代
起的几乎每一场战争，在越南战争中表现不俗，曾经一度是轻型战斗机的代名词，
飞机最大速度 2.05 马赫，可以携带导弹火炮等，是西方米格噩梦中的主力成员。

同时米格 –21 也是对中国的战斗机发展影响最深的飞机，中国现代战斗机工业
基础就是建立在对米格 –21 的生产和发展之上。

传奇中的英雄

米格 –21 可谓战斗机中的传奇飞机之一，战斗机技术是一个飞速发展的领域，
米格 –21 从诞生之日起就在不停地改进中，以图不断地提高性能，保持空中优势。

从世界范围来看，它的发展可以分为两个阶段：苏联时期和中国时期。苏联作
为米格 –21 的原设计国，在 20 世纪 60 年代和 70 年代对米格 –21 飞机进行了很多设
计改进和试验探索。

对于苏联而言，米格 –21 只是其前线航空兵装备的战斗机的一种，它的前线防
空兵拥有型号各异的多种战斗机，每一种负责一个方面的作战性能，米格 –21 在苏
联时期的改进大多都是根据它们自身的使用特点进行的，没有要求飞机具有全面的
作战性能，也没有考虑过对米格 –21 一些性能严重缺陷点进行全面的改进和弥补。

苏联的前线战斗机的设计理念来自对艰苦的苏联卫国战争和朝鲜战争的直接的
理解，米格战斗机在朝鲜获得了相当大的胜利，它们凭借轻巧，速度快，高空性能好，
操控简单等优点，让一批训练明显不足的飞行员取得了耀眼的战绩，创造了朝鲜上
空的米格走廊，刚刚从二战胜利的喜悦中感受到自己无比强大的美国空军被这股来
自西伯利亚的刻骨寒风吹得战栗。

米格 –21 总结了前辈们的空战经验，强调本身结构轻巧，飞行速度快，高空机动
性好，同时兼顾低空性能。它被设计成为一种白天型的简单战斗机，依靠高速飞行对

地面监视雷达探测到的目标进行高速拦截，能够经受起最残酷的战争的大量消耗。

在越南战争中，美军发现米格-21在高速性能和低速性能方面都全面优于当时最先进的重型战斗机，复杂先进的电子设备在原始简单的甚至于简陋的飞机面前无法体现出其应有的价值，甚至西方当时出现了无法对抗米格-21战斗机的悲观意见。

致命的缺陷

正是因为这种简单的设计和耀眼的战绩，米格-21被很多弱小的国家迅速接受。这些国家和苏联不同，他们没有强大的多兵种的专业空军，无法依靠多种型号的战斗机来维持空域的优势，它们最多只能装备一种主力战斗机。当简单的米格-21成为他们的绝对核心的时候，米格一些简单的特点反而成为性能上致命的缺陷。

比如飞机设备过于简单，缺乏大功率雷达，基本不能在较恶劣天候条件下作战，起飞滑跑和降落的速度高，距离长，航程较短等等。苏联时期对生产型号的改进几乎都没有动过特别大的手脚，只是补充一些电子设备和更换更强力的发动机对付日益见长的体重。不过米格设计局并不是完全闭目塞听，也利用米格-21作为技术验证机开发了很多有特色的衍生型号。

这些飞机尝试了用于改进性能的多种技术，鉴于新技术的探索性和风险性，这些型号绝大多数并没有大规模普及成为现实的生产型。

非常有趣的是，相当多的验证机在铁幕严密的保密下长达数十年并不为外界所知晓，苏联解体让铁幕的保密策略混乱不已，大量的早期资料也随之慢慢浮出水面，让人可以管窥一斑。

大黄蜂战机
——F/A-18

型号：F/A - 18
国籍：美国
列装：1969 年
翼展：11.43 米
速度：12190 米 / 小时

F/A-18 是美国麦克唐纳·道格拉斯公司为美国海军研制的舰载单座双发超音速多用途战斗机，主要用于舰队防空，也可用于对地面攻击。

由来和结构特点

就在 1974 年，美国海军提出研制低成本的轻型多任务战斗机的计划。1975 年 5 月在 YF-16 和 YF-17 两个假选方案中，美海军选中 YF-17 飞机，在此基础上进行重新设计，由于要求该机既可用于空战又能进行对地攻击，因此编号为 F/A-18。

该机机长 17.07 米，机高 4.66 米，机翼面积 37.16 平方米，展弦比 3.52。重量及载荷空重 10810 千克，最大内部燃油 4926 千克，最大外部燃油 3053 千克，最大外挂载荷 7031 千克，最大起飞重量 25401 千克。

该机最大平飞速度 1.8 马赫，实用升限 15240 米，转场航程 3706 千米，作战半径 1065 千米，起飞滑跑距离 427 米，着陆滑跑距离 670 ~ 810 米。

1978 年 11 月 18 日第一架原型机首飞，1980 年 5 月开始交付美海军。该机采用双发、双垂尾、带有边条的小后掠悬臂式中单翼正常式布局。机身为半硬壳结构，主要采用铝合金，部分结构采用石墨环氧树脂材料。该机具有可靠性和维护性好、生存力强、机动性好等特点。

尤其是它具有很好的大迎角飞行特性。大黄蜂战斗机除装备美海军和海军陆战队外，还出口到加拿大、澳大利亚、西班牙、瑞士和韩国等国家。

历史辉煌的战绩

海湾战争期间，有 148 架 F/A-18 参战，主要执行对地攻击任务，曾击落过伊拉克的米格-29 战斗机。动力装置在早期装有 2 台通用电气公司的低涵道比涡扇发动机，单台加力推力 71.2 千牛。

1992 年后换装增强性能发动机，加力推力为 78.3 千牛。主要机载设备多模态数字式雷达，可以远距搜索、边搜索边测距、边扫描边跟踪，可以同时跟踪 10 个目标。并装备全天候自动着舰系统、多功能彩色座舱显示器、无线电数据链路、电子对抗系统、惯性导航系统、数字式计算机以及机载自卫干扰系统等。

该机系列综合性能非常好，空战中有变态的低空低速机动性加上最新的雷达作为优势的保证，对地攻击时则能携带美国海军的几乎所有武器。无论是综合性能还是实战表现都是该机最强。

就在 1991 年的海湾战争中，共 190 架 F/A-18 参战，海军有 106 架，陆战队有 84 架。在行动中，一架损失于战斗，两架损失于非战斗事故。另外有 3 架受到地空导弹攻击，但是返回基地，经过维修又恢复作战行动。

在 1991 年 1 月 17 日，美海军两架 F/A-18C（即 F/A-18 的一种改造型），与伊拉克的两架米格-21 机遇，F/A-18C 使用导弹击中了这两架米格飞机后，对伊拉克的目标又投放 908 千克的炸弹。

2002 年 11 月 6 日，林肯号航母上部署的 F/A-18E/F（即 F/A-18 的一种改造型）首次参与实战行动，使用精确制导弹药对伊拉克的两套萨姆导弹、1 个指挥、控制和通信设施实施了打击。

浩劫
——米 –28 武装直升机

型号：米 – 28
国籍：苏联
列装：1989 年
翼展：17.20 米
速度：350 千米 / 小时

米 –28 是苏联米里设计局研制的单旋翼带尾桨全天候专用武装直升机，绰号为"浩劫"。于 1980 年开始设计，原型机 1982 年 11 月首飞，90% 的研制工作于 1989 年 6 月完成，后来第 3 架原型机参加了巴黎航展。

体格也是"米格"一族的

米 –28 的旋翼直径 17.20 米，尾桨直径 3.84 米，短翼翼展 6.4 米，机长 16.85 米，机身长 14.3 米，机身宽 1.75 米，机高 4.81 米，空重 7000 千克，最大起飞重量 11400 千克，最大时速 350 千米 / 小时，最大巡航速度 265 千米 / 小时，巡航速度 250 千米 / 小时。

它的旋翼转速 242 转 / 分，桨尖速度 216 米 / 秒，最大爬升率 18 米 / 秒，实用升限 5800 米，悬停高度 3600 米，作战半径 240 千克，航程 470 千米，续航时间 2 小时，悬停升限 3600 米，最大起飞重量 7200 千克。

米 –28 使用了大量先进技术。在机身中部装有小展弦比悬臂式短翼，前缘后掠，主翼盒结构用轻合金材料制造，前后缘采用复合材料。机身为传统的全金属半硬壳式结构，机身比较细长。在驾驶舱四周配有完备的钛合金装甲。两片桨叶的尾桨安装在垂直安定面的右边，不可收放的后三点式起落架。

该机驾驶舱装有无闪烁、透明度好的平板防弹玻璃。座椅可调高低，采用了能吸收撞击能量的座椅，座椅两侧和后方均装有防护装甲，风挡和座舱之间的隔板均采用防弹玻璃。米—28可直接运输到指定作战地区。

身上都是武器

米–28的机炮和制导导弹的发射由前驾驶舱控制，火箭发射由两个驾驶舱分别控制。也可使用最新型的16枚反坦克导弹，射程为800~6000米。自行反直升机任务时，可带8枚空对空导弹，还有80毫米和130毫米火箭弹供选择，尾部装有红外照相弹和箔条弹。机上还装有火控雷达、前视红外系统、光学瞄准系统和多普勒导航系统。

值得一提的是米—28的旋翼系统共有5片桨叶，转速242转/分。采用具有弯度的高升力翼型，前缘后掠，每片后缘都有全翼展调整片。其旋翼桨毂不需上润滑油，旋翼系统的橡胶金属结构取代了传统的机械铰接结构。自动倾斜装置和尾桨上只有一个润滑嘴，所以在维护方面比较方便、经济。米–28的机动性也很好，能够做翻跟斗等动作。

由于米–28和卡–50都是为竞争新一代俄罗斯战斗直升机的合同而开发的，两者一出生就是死敌。在这一竞争中，卡–50凭借独特设计首先占了上风，但米—28也不甘示弱，经过改进，米里设计局终于在此基础上研制出了米–28N。

知识
链接

箔条干扰弹是一种在弹膛内装有大量箔条以干扰雷达回波信号的信息化弹药。它在敌方目标上空，从弹体底部抛出箔条块，箔条块释放后裂开，散布成云状并低速降落，对敌方雷达信号产生散射，使其不能正常工作。

多用途
——山猫直升机

型号：山猫
国籍：英国、法国
列装：1974 年
翼展：12.80 米
速度：400 千米 / 小时

　　山猫是英、法合作生产的双发多用途直升机。1967 年开始研制，1974 年初，山猫开始批量生产并装备部队。

　　该机的动力装置有两台，两个涡轮轴发动机，最大巡航速度 248 千米 / 小时，转场航程 1342 千米，最大航程 630 千米，续航时间 2 小时 57 分，悬停高度 3230 米，作战半径 212 千米，机长 15.16 米，机高 3.66 米，旋翼直径 12.80 米，最大起飞重量 4535 千克。

具有"猫"家族的特点

　　它的特点是速度快、机动灵活、易于操纵和控制，可执行多种任务。也可用于执行战术部队运输、后勤支援、护航、反坦克、搜索和救援、伤员撤退、侦察和指挥等任务。海军型还可用于反潜、对水面舰只搜索和攻击、垂直补给等。

　　装备英国陆军的山猫型直升机有 4 种：MK1、MK5、MK7 和 MK9。其中，MK1 型为基本的通用和效用直升机，已生产 113 架，仍在服役的 108 架，部分已改装成 MK7 型。MK5 型与 MK1 型基本相似。MK7 型机的尾桨由于使用复合材料叶片并改变旋转方向，减低了噪声，延长了载重悬停时间，有利于反坦克作战。MK9 型机经改进后，主要用途为担任高级空中指挥所和战术运输机。

就像一只机械猫

它的特征很明显。机头前部突出段较长，超出山猫机头，下面载有圆盘形天线，为圆顶尖型。座舱为并列双座结构，机身两侧滑动舱门上有大窗口，尾梁较短支撑着垂直安定面，半平尾在垂直安定面的右上端。

山猫装有 4 片桨叶旋翼和 4 片桨叶的尾桨，尾桨安装在垂尾左侧。陆军型着陆装置为不可收放的管架滑橇，海军型着陆装置为不可收放的油气式前三点起落架与后侧两点起落架，都位于机身下外伸的短板两端。

截至 1990 年 1 月，"山猫"各型总订购架数为 380 架，已生产 337 架，其中包括 2 架验证机，但不包括 13 架原型机。在总的生产架数中，英国韦斯特兰公司生产架数占 70%，法国国营航空工业公司占 30%。

知识
链接

意大利的阿古斯塔直升机公司和英国的韦斯特兰直升机公司完成了合并。新公司被称作阿古斯塔·韦斯特兰，两公司的母公司各占有新公司的 50%。两直升机公司合并的决定是 2000 年 7 月 26 日做出的。合并后的阿古斯塔·韦斯特兰将成为世界直升机工业最大的企业之一。其产品和技术的范围领域，以及承担重要计划的数量都在世界上名列前茅。

货运老手

——运 –5 运输机

型号：运 – 5
国籍：中国
列装：1958 年
翼展：18.176 米
速度：256 千米 / 小时

运 –5 运输机是我国第一种自行制造的运输机，由南昌飞机制造公司负责，其原型为苏联 40 年代设计的安 –2 运输机。尽管运 –5 服役已有 40 年之久，但它飞行稳定、运行费用低廉，至今仍是中国最常见的运输机。

运 –5 原型机 1957 年 12 月定型并首飞，1957 年 12 月 23 日在苏联专家的指导下成批生产。1958 年由 320 厂成批生产，当年即生产了 90 架，共生产了 728 架，其中 78 架援外，连续生产达 10 年之久。目前运 –5 广泛应用在训练、跳伞、体育、运输和农业任务中。

还是自行制造的好

运 –5 运输机的翼展 18.176 米，机长 12.688 米，机高 5.35 米，最大起飞重量 5250 千克，最大载重 1500 千克，最大速度 256 千米 / 小时，航程 845 千米，有效载荷 1500 千克，最大起飞重量 5250 千克，巡航速度 160 千米 / 时，升限 4500 米，爬升率 2 米 / 秒，起飞距离 180 米，着陆距离 157 米。

运 –5 的优点就是它可以以非常低的速度稳定飞行，且起飞距离仅仅为 170 米。

运 –5 舱内有通风和加温装置，可对风挡玻璃加温防冰。舱罩两侧突出于机身，向下视界良好。货舱地板能承受 1500 千克的集中载荷。两侧装有 10 个简易座椅，壁上各有 4 个 320 毫米圆窗。在左侧 11 号和 15 号隔框间有一大货舱门，门上装有旅客登机门。货舱内部可进行不同改装。冷气系统可向起落架主轮刹车，或在当地面无气源时为起落架减震或为轮胎充气。螺旋桨也有防冰系统。

飞机操纵系统为混合式机械操纵。机上电源为一台直流发电机和一个蓄电池。单相和三相交流电用变流器转换后提供给用电设备。机载设备包括航行仪表和通信导航设备。航行仪表有空速表、高度表、升降速度表、陀螺磁盘、陀螺半罗盘和地平仪。机上的通信设备有短波和超短波无线电电台。导航设备有自动无线电罗盘、超短波信标接收机、无线电高度表和机内通话器。

新的环境新的突破

1970 年 5 月，运 –5 转到石家庄红星机械厂继续生产。根据民航、空军、海军提出的不同要求，相继研制了多种改进改型机。1958 年，根据苏联资料仿制农业机，同年试制投入批生产。生产中解决了夏天座舱温度过高问题，基本满足了我国南方使用要求，在大江南北广大农村和林区受到普遍欢迎，后被命名为运 –5 乙，共生产交付 229 架。随后又出现了运 –5 甲、运 –5 丁和运 –5 丙。

在中国航空博物馆展出的一架运 –5 型飞机，编号为 7225，机翼上摆放着许多花环。在它前方的地面上，撒满了小白花。这架飞机就是当年播撒周恩来总理骨灰时使用的飞机。每年清明节，都有成群结队的青少年来到这里，缅怀敬爱的周恩来总理。

大力神
——C-130 型运输机

型号：C - 130
国籍：美国
列装：1956 年
翼展：40.41 米
速度：602 千米 / 小时

　　C-130 是美国 20 世纪 50 年代研制的中型多用途战术运输机。1951 年开始研制，1954 年 8 月首飞，1956 年 12 月装备美空军。该机有多种改型，除美空军中装备数量较多外，还出口到 50 多个国家和地区。截至 1993 年，美国空军共购买 1050 架。台湾军队也引进了该型机中的 C-130H 型。

空中的"大胖子"

　　该机的动力装置有 4 台带有涡轮螺旋桨发动机，载油量 36300 升，巡航速度 602 千米 / 小时，最大航程 7876 千米、3791 千米，起飞滑跑距离 1091 米，着陆滑跑距离 838 米，最大载重量 19356 千克，机长 29.79 米，机高 11.66 米，翼展 40.41 米，最大起飞重量 70310 千克。

　　它的特点性能是能做高空、高速远程飞行。C-130 型运输机，具备中空、中速飞行和近距离运输能力，可在前线强行着陆并能在野战跑道上起落。改型多样，用途广泛。

　　C-130 型可按需要运送空降人员以及空投货物，返航时可从战场撤离伤员。经过改型后，还可用于高空测绘、气象探测、搜索救援、森林灭火、空中加油和无人驾驶飞机的发射与引导等多种任务。

该机货舱主舱门设计能使车辆直接进入，有空投伞兵用的侧舱门；可在土质或钢板平铺的简易跑道上进行短距起降；为了进行低空低速空投，C-130运输机保证能在225千米／小时的低速条件下做稳定的掠地飞行；而且它允许在一台发动机失灵的情况下正常飞行。

空中的"航空母舰"

它的特征是机身短粗，机头为钝锥形前伸，前端位置较低，低于机身中线。悬臂式上单翼，前缘平直，无后掠角，后缘外段前掠。固定式水平平尾，垂尾高大，呈梯形，顶部为圆弧形。螺旋桨发动机分别安装在两侧的机翼上，桨叶4片。

C-130曾在1968年、1969年的越南战争中使用，在海湾战争爆发前的备战行动中，美国空军的C-130运输机进行了11700架次空运及其他作战支援任务，完成飞行任务的概率达到97%。科索沃战争中美空军也派出C-130运输机，担负各种中远程战术运输任务。

随着全球空运主力——洛克希德·马丁研制的C-130"大力神"运输机服役期结束，一些国家在寻求更新其日渐老化的运输机机群，而另外一些国家则启动了本国运输机研制项目。

知识
链接

仅有一个主机翼的飞机是现代飞机的主要形式。按是否带有撑杆，单翼机可分为带撑竿的单翼机和不带撑竿的张臂式单翼机。应用最广泛的是张臂式单翼机。张臂式单翼机通常简称为单翼机。

"佩里"级护卫舰

国籍：美国

服役时间：1977 年 11 月

长：135.6 米

宽：128.1 米

吃水：4.5 米

标准排水量：3900 吨

可搭载舰员：200 人

20 世纪 60 年代中期，美国海军的各类战斗舰艇近 900 艘，多数都已超过 20 年以上的舰龄，虽然从 50 年代中期开始了大规模的"舰队更新和现代化改装计划"，但是经现代化改装的老驱逐舰延长的舰龄仍然有限，迫切需要一大批新舰替换老驱逐舰和老护卫舰。

"佩里"级——七年零两个月的等待

20 世纪 70 年代初，美海军开始实行"高低档舰艇结合"的造舰政策。这一时期陆续建造的"尼米兹"级核动力航母、"塔拉瓦"级两栖攻击舰、核动力巡洋舰、DD963 级驱逐舰属于高档的舰艇。同时，也需要一级能大量迅速建造的、造价较低的护卫舰，用以替代将大批退役的老驱逐舰和老护卫舰，这级舰就是"佩里"级 (FFG7) 导弹护卫舰，它属于大量建造的低档舰艇之一。

FFG7 原称巡逻护卫舰 PF，1970 年 9 月开始可行性研究；1971 年 5 月完成概念设计，并开始初步设计；1971 年 12 月完成初步设计，1972 年 4 月海军指定巴斯为首舰建造厂，确定 Gibbs 公司进行分包设计，参加舰船的系统设计；1973 年 5 月由首舰建造厂开始进行施工设计；1973 年 12 月开始建造，1975 年 6 月上船台，1976

年9月下水，1977年11月完工服役。从可行性研究到完工服役，历时共七年零两个月。

最初的建造

FFG7级护卫舰美国海军订购51艘，澳大利亚海军订购6艘，西班牙海军订购4艘。美国海军的FFG7级绝大部分都在80年代服役，多的时候每年完工服役近10艘。

以1982财政年度的造价为例，每艘造价3.239亿美元。目前现役保留27艘、预备役10艘，余下的转让给其他国家。

"佩里"级护卫舰是一型通用型的导弹护卫舰，其主要使命是为编队提供防空和反潜能力，主要执行以下任务：

1. 为航行补给编队、两栖作战编队、军事运输船队和商业运输船队承担防空、反潜和反舰任务；

2. 保护重要的海上运输航线；

3. 协同其他反潜兵力执行攻势反潜。

"佩里"级所具备的优势

FFG7级护卫舰虽然是美国大批量低造价的"低档舰艇"，但它仍不愧为代表先进技术的典型护卫舰。

与同时代的护卫舰相比，"佩里"级具有极其罕见的编队防空能力。从传统意义上来说，其他国家的护卫舰突出的仅是反潜能力。当然，这也是由美海军的实际情况决定的，FFG7设计之初，美军就赋予它为两栖编队和运输船队的区域防空的任务。从美国海军水面舰艇的构成来看，这样的任务也只能由FFG7级来承担，用"高档"的驱逐舰来承担，经济上是不合算的。

但FFG7级所具有的两架SH-60B直升机的远程反潜能力、SQR-19被动拖曳线列阵声呐的探测能力和10枚"鱼叉"反舰导弹的反舰能力，在同时代的护卫舰中非常突出。所以"低档"这个词只是相对美国海军而言。

像FFG7级这样大的远洋护卫舰采用单轴推进系统也是罕见的。单轴推进系统为主推进系统的后勤保障、维修和舰员的培训带来了极大的方便，也降低了FFG7的研制和设计费用，同时也为其服役期间的维护带来很大的好处。

第四章

电气时代是
第二次工业革命的开辟时代

在人们的日常生活中电器电机产品随处可见，大到电视机、空调机，小到电风扇、电饭煲等，每一个产品的出现都使人们的生活品质得到提升。但你们了解它们的发明过程吗？

打开新世界的窗户
——电视机的问世

起　　源：英国
问世年代：1924 年
发 明 人：约翰·洛吉·贝尔德

现在，电视机也许是跟人类生活关系最密切的电器了。如果我们说电视机改变了人类的生活方式，塑造着人们的新的意识，那是一点也不过分的，怪不得有人把电视机比作神话中改变世界的魔匣。

第一台电视机的诞生过程

人们通常把 1925 年 10 月 2 日苏格兰人约翰·洛吉·贝尔德在伦敦的一次实验中"扫描"出木偶的图像看作是电视诞生的标志，他被称作"电视之父"。

1906 年，年仅 18 岁的贝尔德从故乡苏格兰移居英格兰西南部的黑斯廷斯，在那里建立了一个实验室，着手电视的研制。

贝尔德没有实验经费，只好从旧货摊、废物堆里找来种种代用品，装配了一整套用胶水、细绳、火漆及密密麻麻的电线黏合串联起来的实验装置。贝尔德用这套装置夜以继日地进行实验，装了拆、拆了装，不断加以改进。功夫不负有心人，1924 年春天，他终于成功地发射了一朵十字花，那图像还只是一个忽隐忽现的轮廓，发射距离只有 3 米。

1925 年 10 月 2 日是贝尔德一生中最为激动的一天。这天他在室内安上了一台能使光线转化为电信号的新装置，希望能用它把一个木偶头像的脸显现得更逼真些。下午，他按动了机器上的按钮，木偶的图像一下子清晰逼真地显现出来。

贝尔德兴奋得一跃而起，此时浮现在他脑际的只有一个念头：赶紧找一个活的人来，传送一张活生生的人脸出去。

贝尔德楼底下是一家影片出租商店，这天下午店内正在营业，突然间"楼上搞发明的家伙"闯了进来，碰上第一个人便抓住不放。那个被抓的人便是年仅 15 岁的店员威廉·台英顿。几分钟之后，贝尔德在"魔镜"里看到了威廉·台英顿的脸——那是通过电视播送的第一张人脸。实验成功了！

关于电视机发明人的争议

就在贝尔德发明电视机的同一年，俄罗斯人维拉蒂米尔·斯福罗金和 1927 年费罗·法恩斯沃斯两人也分别发明了电视。

尽管时间相同，但约翰·洛吉·贝尔德与维拉蒂米尔·斯福罗金和费罗·法恩斯沃斯的电视系统是有着很大差别的。史上将约翰·洛吉·贝尔德的电视系统称作机械式电视，而维拉蒂米尔·斯福罗金和费罗·法恩斯沃斯的电视系统则被称为电子式电视。这种差别主要是因为传输和接收原理的不同。

知识
链接

专利一词来源于拉丁语，意为公开的信件或公共文献，是中世纪的君主用来颁布某种特权的证明，后来指英国国王亲自签署的独占权利证书。专利是世界上最大的技术信息源，据实证统计分析，专利包含了世界科技信息的 90%-95%。

空气调温器
——空调机的出现

起　　源：美国
问世年代：1902 年
发 明 人：威利斯·哈维兰德·卡里尔

　　说起空调，人们不应该忘记它的发明者，被称为"空调之父"的威利斯·哈维兰德·卡里尔。威利斯·哈维兰德·卡里尔是美国人，1876 年 11 月生于纽约州。24 岁从美国康奈尔大学毕业后，供职于制造供暖系统的布法罗锻冶公司，担当机械工程师职务。

空调的发明历程

　　1901 年夏季，纽约地区空气湿热，纽约市布鲁克林区的萨克特·威廉斯印刷出版公司由于湿热空气作怪，使得油墨老是不干，纸张因温热伸缩不定，印出来的东西模模糊糊，生产大受影响。因此，印刷出版公司找到了布法罗锻冶公司，寻求一种能够调节空气温度、湿度的设备。布法罗锻冶公司将此任务交给了富有研究精神的年轻工程师威利斯·哈维兰德·卡里尔。

　　卡里尔接受了任务，经过反复思考，他想道：充满蒸汽的管道可以使周围的空气变暖，那么将蒸汽换成冷水，当潮湿的空气吹过冷水管道时，其中的水分遇冷后便会凝结成水珠，待水珠滴落，剩下的就会是更冷、更干燥的空气了。基于这一设想，

卡里尔通过实验，终于制造出世界上第一台空气调节系统（简称空调），并于 1902
年 7 月 17 日为萨克特·威廉斯印刷出版公司首次安装，这套设备在使用后取得了较
好的效果。

知识
链接

空调省电窍门

1.不要贪图空调的低温，温度设定适当即可。因为空调在制冷时，设定温度
高 2℃，就可节电 20%。对于静坐或正在进行轻度劳动的人来说，室内可以接受的
温度一般在 27℃—28℃之间。

2.过滤网要常清洗。太多的灰尘会塞住网孔，使空调加倍费力。

3.改进房间的维护结构。对一些房间的门窗结构较差，缝隙较大的，可做一
些应急性改善；如用胶水纸带封住窗缝，并在玻璃窗外贴一层透明的塑料薄膜、
采用遮阳窗帘，室内墙壁贴木制板或塑料板，在墙外涂刷白色涂料等，以减少通
过外墙带来的冷气损耗。

高科技拖把
——吸尘器的发明

起　　源：英国
问世年代：1901 年左右
发 明 人：塞西尔·布鲁斯

　　塞西尔·布鲁斯是世界上第一台吸尘器的发明者。提到这项发明的起源，还得从 1901 年布鲁斯一次意外的遭遇说起。如果没有那次意外，说不定人们今天还没有吸尘器。那么，这究竟是怎么回事呢？原来，事情是这样的。

一次意外的灵感

　　有一次，塞西尔·布鲁斯正在伦敦的一家餐馆里用餐，他看到后面的椅背上满是灰尘，就用自己的嘴凑上吹了一口，结果可想而知，灰尘差一点把他呛死！布鲁斯由此受到启发，萌生了发明吸尘器的想法。于是，他便信心十足地在自己的工作室里研制了起来。不久之后，他的发明物——吸尘器问世了。但和现在家庭日常使用的吸尘器不同，那是一架很大的机器，一个庞然大物，它有一个气泵，一个装灰尘的铁罐和过滤装置，这三个装置都安装在一辆推车上，由两个人共同操作，操作时，两个人推着它在街上行走，一个人负责用气泵抽气，另一个人则拿着长管子挨家挨户地去吸尘。没过多久，布鲁斯的吸尘器就在伦敦赢得了广泛的赞誉。所以当爱德华八世举行加冕典礼时，特地请他去将威斯敏斯特教堂那些精美的地毯吸了一遍。

让昔日重现
——电影摄影机的问世

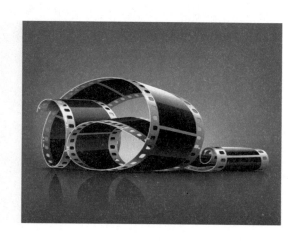

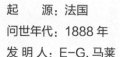

起　　源：法国
问世年代：1888 年
发 明 人：E-G. 马莱

　　提到电影大家都看过，但不知你想过没有，拍摄电影的摄影机是怎么来的呢？告诉你，你可别吃惊，它可是一次非常意外的发明。

灵感的闪现

　　1872 年的一天，在美国加利福尼亚州一个酒店里，有两位年轻人就关于马奔跑时蹄子是否都着地的问题，发生了激烈的争执。争执的结果谁也说服不了谁，于是就采取了美国人惯用的方式——打赌来解决。他们请来一位驯马好手来做裁决，然而，这位裁判员也难以断定谁是谁非。

　　裁判的好友——英国摄影师麦布里奇知道了这件事后，表示可由他来试一试。他在跑道的一边安置了一排照相机，拍摄下了马奔跑的连续照片。麦布里奇把这些照片按先后顺序剪接起来，组成了一条连贯的照片带，终于看出马在奔跑时总有一蹄着地，不会四蹄腾空。

　　按理说，故事到此就应结束了，但这场打赌及其判定的奇特方法却引起了人们很大的兴趣。麦布里奇一次又一次地向人们出示那条录有奔马形象的照片带。有一次，有人无意识地快速牵动那条照片带，结果眼前出现了一幕奇异的景象：各张照片中那些静止的马叠成一匹运动的马，它竟然"活"起来了！

法国生理学家 E-G.马莱从中得到启迪，他试图用照片来研究动物的动作形态。当然，首先得解决连续摄影的方法问题，因为麦布里奇的那种摄影方式太麻烦了，不够实用。马莱是个聪明人，经过几年的不懈努力后，终于在 1888 年制造出一种轻便的"固定底片连续摄影机"，这就是世界上第一台电影摄影机。

妇女的解放者
——微波炉的出现

起　　源：美国
问世年代：1947 年
发 明 人：珀西·斯宾塞

　　微波炉是现代人生活中经常用到的食品加热工具，它的出现为许多人带来了方便。这一杰出的发明是美国的科学家珀西·斯宾塞的一次偶然发现所创造的。

偶然的发现创造奇迹

　　那是在 1939 年，斯宾塞进入了专门制造电子管的雷声公司并很快晋升为新型电子管生产技术负责人。当时，英国科学家们正在积极从事军用雷达微波能源的研究工作，并设计出了一种能够高效产生大功率微波能的磁控管。但是当时英德处于决战阶段，因此这种新产品无法在国内生产，只好寻求与美国合作。于是英国便与斯宾塞所在的美国雷声公司开始了共同研制磁控管的工作。然而，在经历了两次偶然的事件后，让斯宾塞萌生了发明微波炉的念头。其中一次是在斯宾塞测试磁控管的过程中，他发现口袋中的巧克力棒被融化了。还有一次，他将一个鸡蛋放在磁控管附近，结果鸡蛋受热突然爆炸，溅了他一身。这两次意外，使斯宾塞得出微波能使物体发热的论点，并产生了通过微波的热量将食物变熟的想法。雷声公司在得知情况后果断决定与斯宾塞一同研制这种产品。

　　于是，在斯宾塞的主持下迅速展开了研制工作，经过不懈的努力，雷声公司终于在 1947 年于波士顿饭店推出一台重量超过 340 公斤、6 英尺高、价格高达 3000 美元、被取名为"微波炉"的"超级炉灶"，从此开辟了微波炉的先河。现在微波炉逐渐走入了千家万户。由于用微波烹饪食物又快又方便，不仅味美，而且有特色，因此有人诙谐地称之为"妇女的解放者"。

扩展阅读

微波炉会危害人体健康吗？

　　微波炉里的辐射量很大，但生产微波炉的厂家已经做好安全措施，在微波炉外对人体的辐射量就和一支 40W 日光灯管差不多，对人体的影响几乎没有。中华预防医学会的专家介绍，美国威斯康星大学物理教授阿戴尔研究微波辐射对小动物和人类的影响已超过 25 年，她曾经对动物和人进行过微波室实验，结果，动物在微波室内显得很兴奋，而人类的感觉与享受明媚的阳光差不多。她解释，虽然微波与 X 光和伽马射线等同属放射线，但其量子能量却相差数百万倍。她指出，微波杀死细胞的唯一途径就是让它自己"热死"，而微波炉泄漏的辐射无法达到如此程度。如此看来，微波炉并不会危害人体健康。

风险的化解者
——电磁炉的革命时代

起　　源：德国
问世时间：1957 年

　　电磁炉又名电磁灶，是现代厨房革命的产物，它无须明火或传导式加热而让热直接在锅底产生，因此热效率得到了极大的提高。是一种高效节能橱具，完全区别于传统的有火或无火传导加热厨具。

电磁炉的工作原理

　　它打破了传统的明火烹调方式采用磁场感应电流（又称为涡流）的加热原理，电磁炉是通过电子线路板组成部分产生交变磁场、当用含铁质锅具底部放置炉面时，锅具即切割交变磁力线而在锅具底部金属部分产生交变的电流（即涡流），涡流使锅具底部铁质材料中的自由电子呈旋涡状交变运动，通过电流的焦耳热使锅底发热，使器具本身自行高速发热，用来加热和烹饪食物，从而达到煮食的目的。电磁炉具有升温快、热效率高、无明火、无烟尘、无有害气体、对周围环境不产生热辐射、体积小巧、安全性好和外观美观等优点，能完成家庭的绝大多数烹饪任务。因此，在电磁炉较普及的一些国家里，人们誉之为"烹饪之神"和"绿色炉具"。

　　由于电磁炉是由锅底直接感应磁场产生涡流来产生热量的，因此应选用符合电磁炉设计负荷要求的铁质炊具，其他材质的炊具由于材料电阻率过大或过小，会造成电磁炉负荷异常而启动自动保护，不能正常工作。同时由于铁对磁场的吸收充分、屏蔽效果也非常好，这样减少了很多的磁辐射，所以铁锅比其他任何材质的炊具也都更加安全。此外，铁是对人体健康有益的物质，也是人体长期需要摄取的必要元素。

电磁炉的优点

多功能性——用它蒸、煮、炖、涮样样全行，即使炒菜也完全可以。现在电磁炉完全可以取代煤气灶，而不像电火锅、微波炉那样，仅是煤气灶的补充，这是它最大的优势所在。

安全性——电磁炉不会像煤气那样，易产生泄露，也不产生明火，不会成为事故的诱因。此外，它本身设有多重安全防护措施，包括炉体倾斜断电、超时断电、干烧报警、过流、过压、欠压保护、使用不当会自动停机等等。

方便性——电磁炉本身仅几斤重，拿上它随便去哪都不成问题，只要是有电源的地方它全能使用。

经济性——电磁炉是用电大户，与煤气和天然气相比价格更优惠。

近年来，国际油价急速飙升，使中国各行各业的燃料消耗成本越来越大，国家节能减排综合管理整治工作也深入开展，绿色、节能、环保型产品将逐渐成为大势所趋，商务部统计，中国到 2010 年节能低碳产品市场容量将突破 3000 亿每年，而电磁炉在这几点上是尤为突出，比传炉具节省 50% 以上的费用。真正省钱，赚钱，并可为人类节约不可再生资源油、气、煤等。利在当代，功在千秋。加上无明火、无热辐射、无烟、无灰、无污染、不升高室温，不产生 CO、CO_2、SO_3 等有害物质，环境得到保护。厨房清静、清洁、清爽，让人感觉安逸而身心健康，是名副其实的节能、环保产品！

把你收进小盒子
——照相机的诞生

起　　源：法国
问世时间：18 世纪初中期
发 明 人：达孟尔

　　如今，照相机是人们出游和旅行的必要装备，也是摄影爱好者每日随身携带的必需品，现在的人们都熟知和喜爱各式各样的相机，殊不知相机的发明过程和相机本身一样有趣。

"小孔成像"就是照样机的原理

　　2000 多年前，我国学者韩非在他的著作中记载了这么一件事：有一个人请一位画匠为他画一幅画。3 年之后，画匠完成了"作品"。他一看，这是什么画呀，只是一块大木头。他正要发脾气，画匠慢条斯理地说道："请你修一座不透光的房子，在房子一侧的墙上开一扇大窗户，然后把木板嵌在窗上。太阳一出来，你就可以在对面的墙上看到一幅美妙的图画了。"这个人听画匠说得那么有板有眼，只好半信半疑地照画匠说的去做。果然，房子盖好，并照画匠说的那样安上木板后，在房子的墙上出现各式各样的景致。不过所有图像都是倒着的。这确实是有科学道理的。房子外的景象可以通过小孔反映在对面的墙上。这在物理学上叫"小孔成像"。照相机就是根据这一原理研制的。

发展历程

16世纪初，意大利画家根据"小孔成像"的原理，发明了一种"摄影暗箱"。著名画家达·芬奇在笔记中对它做了记载。他写道：光线通过一座暗室壁上的小孔，在对面的墙上形成一个倒立的像。当然，它只会投影，要用笔把投影的像描绘下来。接着，又有人对"摄影暗箱"进行了改进。比如：增加一块凹透镜，使倒立着的像变成了正立像，看起来舒适多了；增加一块呈45度角的平面镜，使画面更清晰逼真。然而，这时候的"摄影暗箱"虽具有照相机的某些特性，但仍不能称为照相机，因为它不能将图像记录下来。

直到18世纪初中期，人们发现了感光材料，特别是达孟尔发现的感光材料碘化银，仿佛给照相机的问世注入极有效的催产剂。于是，在"摄影暗箱"上装上达孟尔的银版感光片，就诞生了人类历史上第一架真正的照相机。照相机的问世轰动了世界。许多高官达贵要求拍摄自己的肖像照，尽管那时候要照一张相就像受一场刑罚一样。初期的照相机体积庞大，十分笨重，携带十分不便。且照相时要选择好天气，必须在晴天的中午，让照相的人在镜头前端端正正地坐半小时左右。为了让自己的姿容永留人间，养尊处优的贵族们只好耐着性子忍受这一苦楚。新事物的产生，对世界必定产生一定的冲击力。

1858年，英国的斯开夫发明了一种手枪式胶版照相机。由于其镜头的有效光圈较大，因此只要扣动扳机，就能拍摄。有趣的是，一次，维多利亚女王在宫廷内召开盛大宴会，邀请各国使节。斯开夫作为新闻记者也应邀出席了宴会。当斯开夫用他的照相机对准女王拍照时，被蜂拥而上的警卫人员扑倒，一时会场秩序大乱。事后，警卫人员才弄懂，那"凶器"原来是照相机。之后，随着感光材料及摄影技术的进一步发展，照相机也不断地得到完善。

1946年，兰德和宝利金发明了新型照相机。这种照相机可以"一次成像"。具体地说，拍摄以后，只需要短短的几十秒钟时间，一张照片就会从照相机内慢慢地"吐"出来。

科学的发展是没有止境的。相信，在不远的未来，将会有更令人称奇的照相机的发明。

使空气流通的机器
——电风扇的发明

起　　源：美国
问世年代：1880 年
发明人：舒乐

电风扇简称电扇，是一种利用电动机驱动扇叶旋转，来达到使空气加速流通的家用电器，主要用于清凉解暑和流通空气。广泛用于家庭、办公室、商店、医院和宾馆等场所。电扇主要由扇头、风叶、网罩和控制装置等部件组成。扇头包括电动机、前后端盖和摇头送风机构等。

电风扇的发明史

机械风扇起源于1830年，一个叫詹姆斯·拜伦的美国人在钟表的结构中受到启发，发明了一种可以固定在天花板上，用发条驱动的机械风扇。这种风扇转动扇叶带来的徐徐凉风，使人感到凉爽，但得爬上梯子去上发条，很麻烦。

1872 年，一个叫约瑟夫的法国人又研制出一种靠发条滑轮启动，用齿轮链条装置传动的机械风扇，这个风扇比拜伦发明的机械风扇精致多了，使用也方便一些。

1880 年，美国人舒乐首次将叶片直接装在电动机上，再接上电源，叶片飞速转动，阵阵凉风扑面而来，这就是世界上第一台电风扇。

此后，电风扇便走进千家万户。制造商根据大家的需求，分别设计了吊扇、台扇、落地扇；台扇中又有摇头的和不摇头之分，也有转页扇；落地扇中有摇头、转页的。还有一种微风小电扇，是专门吊在蚊帐里的，夏日晚上睡觉，一开顿时就微风习习，可以安稳地睡上一觉，还不会生病。

电风扇的发展史

随着科技的发展，电风扇制造的技术也一直在发展。如美国通用电器公司研制出的声控电风扇。声控电风扇装有微型电子接收器，只需在不超过 3 米的地方连续拍手 2 次，电风扇就会自动运转；若再连续拍手 3 次，电风扇又会自动停转。如日本三菱公司开发的无噪声电风扇，几乎没有噪声的电风扇，装有特制的鸟翅状叶片，可产生一股涡动气流，且采用直流电机，不加防护罩，很适合有微机、文字处理机、复印机的场所使用。如日本东芝公司推出的模糊微控电风扇，高级电风扇，设有强、普通、弱等 7 级风量，可根据传感器测定的温度和湿度，自动选择最佳送风。如果有人碰到网罩，还会自动停止转动。如美国罗伯逊工业公司推出的防伤手指电风扇，只要人的手指一碰到这种电扇的外罩，就会给其控制系统传递一个电脉冲信号，使电扇停止转动，以免手指受伤。

扩展阅读

电风扇的使用保养

1. 使用前应详细阅读使用说明书，充分掌握电风扇的结构、性能及安装、使用和保养方法及注意事项。

3. 电风扇的风叶是重要部件，不论在安装、拆卸、擦洗或使用时，必须加强保护，以防变形。

8. 收藏电扇前应彻底清除表面油污、积灰，并用干软布擦净，然后用牛皮纸或干净布包裹好。存放的地点应干燥通风避免挤压。

水与秀发的分离
——吹风机的鼓动

起　　源：法国
问世时间：1890 年
发 明 者：亚历山大（Alexand
er.Godefoy）

　　吹风机主要用于头发的干燥和整形，但也可供实验室、理疗室及工业生产、美工等方面作局部干燥、加热和理疗之用。

电吹风的发展历程

　　法国亚历山大于 1890 年受启发于吸尘器发明了第一个吹风机，这是吹风机的原型。亚历山大发明的这个吹风机被首先用于法国的理发店里，因为不方便移动，体型很大，并非当今手持式这么轻便，所以一直没有得到推广。之后的 30 年里，美国拉辛通用汽车公司和汉密尔顿海滩股份有限公司改进了吹风机，已经可以手持了，但却仍然很重，这种现状在未来十年内没有改善，吹风机的平均重量大概是 1 千克左右，依然是很难使用，甚至有机体过热或者漏电的案例。这时期的平均功率只有100 瓦所以要花很长时间弄干湿头发，而如今的电吹风的平均功率是 2000W。

　　20 世纪 20 年代之后，电吹风的发展集中在如何提高瓦数，减小表面积及其材质改变。实际上，自吹风机问世到那个时期，其机械构造并没有得到有意义的改变。这时期其中最重要的改变大概就是电吹风的部分材料被塑料代替，所以较之前比较轻了。20世纪60年代，电吹风开始风行，这是得益于其马达和塑料部分的改进。还有一个比较重要的变化是1954年GCE改变了其原有的设计，将马达置入其外壳之内。当然，使用安全的问题仍然有待解决，特别是美国消费产品安全委员会在20世纪70年代的指导方针强调，为了满足民众需求，产家所生产的电吹风必须要被认为是安全的之后才可以量产。自从20世纪90年代以来，美国消费产品安全委员会根据美国法律机构授权，对产家提出了吹风机必须要接地的强制性要求，这样，使用者就不会因为在潮湿状态下使用时触电身亡。2000年，在美国因使用电吹风触电身亡的案例只有4例，相较于20世纪中一年几百个案例，已经是翻天覆地的改变了。

扩展阅读

吹风机的其他妙用

1.洗脸时，拿起吹风机，远远地对脸部稍微吹拂可使毛细孔张开，清洁更加彻底！

2.庭摆饰用的人造花，一段时间后布满灰尘，又不能用清水清洗可用吹风机小心吹拂，即可轻松完成！

3.洗完澡，雾气充满浴室，镜面势必模糊，若要吹整头发时，可顺势举起吹风机除雾！

4.冬天骑机车冻麻的耳朵、手、脚，可赶紧用吹风机的热风解除痛苦！

5、吹风机还能治疗肩颈痛、感冒、脚汗。

一说到电吹风，大家首先想到的是吹头发。其实，在生活中，电吹风还是家庭护理的好帮手，电吹风的热风可直达病所，改善局部血液循环，起到舒通血脉、散寒止痛的作用。医学研究表明，环境温度达到39℃时，流感病毒就可受到抑制，42℃时就会被杀死。所以，感冒初起时，患者可在距鼻子约10厘米处从下向上吹鼻尖及两鼻孔5—8分钟，能缓解鼻塞、流鼻涕等不适。而易出脚汗的人鞋子里总是湿漉漉的，不妨用电吹风向鞋内吹上片刻，这样一来，热风不仅会使鞋子穿起来更干燥、舒适，还有杀灭霉菌、避免脚癣的作用。

远控机械的装置
——遥控器的出现

起　　源: 美国
问世年代: 1898 年
起 名 人: 尼古拉·特斯拉

　　遥控器是一种用来远控机械的装置。现代的遥控器，主要是由集成电路电板和用来产生不同讯息的按钮所组成。到底是谁发明出第一个遥控器？这个问题已不可考。

遥控器的发明史

　　但最早的遥控器之一，是美国的一个叫尼古拉·特斯拉的发明家在 1898 年时开发出来的，他发明此项技术后，直接将其取名为"遥控器"（美国专利 613809 号）。

　　最早用来控制电视的遥控器是美国一家叫 Zenith 的电器公司在 1950 年发明出来的。一开始是有线的。

　　1955 年，Zenith 公司发明出一种被称为"Flashmatic"的无线遥控装置。但这种装置没办法分辨光束是否是从遥控器而来，而且也必须对准才可以控制。

　　1956 年，另一个叫罗伯·爱德勒的发明家开发出称为"Zenith Space Command"的遥控器，这也是第一个现代的无线遥控装置，他是利用超声波来调频道和音量，每个按键发出的频率不一样，但这种装置也可能会被一般的超声波所干扰，而且有些人及动物（如狗）听得到遥控器发出的声音。到 1980 年，发送和接收红外线的半导体装置开发出来时，就慢慢取代了超声波控制装置。即使其他的无线传输方式（如蓝牙）持续被开发出来，这种科技直到现在还持续广泛被使用。

知识
链接

　　万能遥控器的实现原理就是对芯片内部的存储器进行了扩展，先收集市场上可能存在的所有遥控器的编码，然后将这些编码存储在万能遥控器内部的芯片里，对这些编码根据电器的型号进行编号（也就是代码表），在实际使用时，根据电器的型号从代码表里找到编号，按照使用要求输入编号，就可以使用了。

忠诚的仆人
——洗衣机的诞生

起　　源：美国
问世年代：1858 年
发 明 人：汉密尔顿·史密斯

　　从古到今，洗衣服都是一项难以逃避的家务劳动，它并不像田园诗描绘的那样充满乐趣，手搓、棒击、冲刷、甩打……这些不断重复的简单的体力劳动，反而留给人的感受是充满了辛苦劳累。而洗衣机的诞生则成了人类最好的帮手。

洗衣机诞生历程

　　1858 年，一个叫汉密尔顿·史密斯的美国人在匹茨堡制成了世界上第一台洗衣机。

　　1874 年，"手洗时代"受到了前所未有的挑战，美国人比尔·布莱克斯发明了木制手摇洗衣机。洗衣机的改进过程开始大大加快。

　　1880 年，美国又出现了蒸气洗衣机，蒸气动力开始取代人力。出现蒸汽洗衣机之后，水力洗衣机、内燃机洗衣机也相继出现。

　　1910 年，美国的费希尔在芝加哥试制成功世界上第一台电动洗衣机。电动洗衣机的问世，标志着人类家务劳动自动化的开端。

　　1922 年，美国玛塔依格公司改造了洗衣机的洗涤结构，把拖动式改为搅拌式，使洗衣机的结构固定下来，这也就是第一台搅拌式洗衣机的诞生。

1932年，美国本德克斯航空公司宣布，他们研制成功第一台前装式滚筒洗衣机，这意味着电动洗衣机的型式跃上一个新台阶，朝自动化又前进了一大步！

1937年，第一台自动洗衣机问世。1955年，在引进英国喷流式洗衣机的基础之上，日本研制出独具风格、并流行至今的波轮式洗衣机。至此，波轮式、滚筒式、搅拌式在洗衣机生产领域三分天下的局面初步形成。60年代的日本出现了带干桶的双桶洗衣机，人们称之为"半自动型洗衣机"。70年代，生产出波轮式套桶全自动洗衣机。70年代后期，以电脑控制的全自动洗衣机在日本问世，开创了洗衣机发展史的新阶段。80年代，"模糊控制"的应用使得洗衣机操作更简便，功能更完备，洗衣程序更随人意，外观造型更为时尚……

洗衣机的形式

历史上出现过的洗衣机形式很多，但目前，一般最常见的洗衣机，主要分为三大类，而每类又可再细分为数种：

欧洲式：又称"滚桶式"或"鼓式"，可再细分为"前揭式"及"顶揭式"，多为全自动机种。前揭式洗衣机机门是开在机身前面，而且多为透明。顶揭式洗衣机机门是开在机身上面，但鲜有透明机门的型号，但两种机的洗衣原理一样。另外，欧洲式还分为有干衣和无干衣功能的型号，但基本上全部具脱水功能。

美国式：又称"搅拌式"、"搅拌柱式"又或"搅拌棒式"，为历史最久的一种电动洗衣机多为全自动机，可再分为附有干衣机和没有干衣机的。所有近代的美式洗衣机都已经有自动脱水功能，不需要另外逐件衣物放到像两支碾面粉的棒子叠在一起的电动脱水器，把衣服碾干，另外，洗衣棒还可分为"单节式"和"双节式"，洗衣效果各有不同，但双节式的型号价钱通常比较高。

日本式：又称"叶轮式"或"波轮式"，可再细分为"单槽式"和"双槽式"。基本上单槽式洗衣机是由美国式洗衣机沿袭改良而成，大多为全自动微电脑控制。双槽式洗衣机多为半自动机，将洗衣和脱水的部分分开，每次洗完衣，都要人手将衣物搬到脱水桶，虽然麻烦，但由于价格廉价，所以至今仍有生产。

第五章

生命的保护神，生物医药

生命的保健和延续离不开医疗卫生的不断发展，从古代的手工治疗，到今天现代设备的广泛应用，如今人类可以自己复制自己，还有什么不可能，所有的发明都是人类的进步。

父爱的执着
——抗菌药的发明

起　　源：德国
问世年代：1932 年
发 明 人：多马克

　　20 世纪初，人类已发明和拥有了疗效显著的一些化学药物，可治愈原虫病和螺旋体病，但对细菌性疾病则束手无策。人们都在试图研制一种新药以征服严重威胁人类健康的病原菌。这一难关终于在 1932 年被 32 岁的德国药物学家、病理学家、细菌学家格哈德·多马克所攻破。

多马克的试验

　　多马克做了一个对比试验：给一群健康正常的小白鼠注射一些溶血性链球菌，然后将这些小白鼠分成两组，其中一组注射百浪多息，另一组什么都不注射。不一会儿，没有注射百浪多息的那组老鼠全部死去，而注射百浪多息的那组老鼠有的还死里逃生，有的即使最后死去但生存时间延长了许多。这个惊人的发现，一时间轰动了欧洲医学界。但多马克清醒地认识到：要让这种药在临床上得到应用，还有许多的路程要走。

　　首先，要从百浪多息中提炼出有效的成分。究竟是百浪多息中的哪些化学物质有杀菌作用呢？多马克从百浪多息中提炼出一种白色的粉末，即磺胺。接着，他在狗的身上做实验，先将溶血性链球菌注入狗的肚子。过一会儿，原本活蹦乱跳的狗卧倒在地上，大口大口地喘气，伸出火红的舌头，无神的眼睛一动不动。此时，杜马克将磺胺注射入狗的体内。

不一会儿，狗又恢复了原来的状态，摇摆着尾巴，在多马克的身边蹦蹦跳跳。至此，多马克明白，磺胺具有出色的杀菌作用。

为慎重起见，多马克还在狗、兔身上做实验，结果取得了预期的效果。磺胺的杀菌作用不容置疑。可是，无论对任何药物来说，只有临床效果是最有说服力的。多马克在寻找合适的机会……

趣味故事

一天夜晚，多马克从实验室回到家，发现女儿爱莉莎发高烧，是因白天在玩耍时不小心手指被割破了。作为与细菌打了多年交道的科学家，多马克知道，这是可恶的链球菌进入了女儿的体内，并在血液里繁殖。多马克连忙请来当地最好的医生给爱莉莎打了针，开了药。可是，病情不但没有得到控制，反而逐渐恶化。爱莉莎全身不停地发抖，人也变得沉沉欲睡。医生对爱莉莎做了检查，然后叹口气，说道："多马克先生，实不相瞒，细菌早已侵入爱女的血液里，并变成了溶血性链球菌败血症，没有什么希望了！"多马克望着女儿苍白的小脸，心在颤抖。但他意识到，此时不是悲伤的时候，哪怕女儿还有百分之一生的希望也不能放弃。他想到了刚研制出的磺胺药，虽然临床上还没有用过，但这时候别无选择了。他为爱莉莎注射了磺胺药。

时间一分一秒地过去了。多马克目不转睛地盯住爱莉莎，期待着奇迹的出现。果然，第二天清晨，当旭日冉冉升起之时，爱莉莎睁开了惺忪的睡眼，柔声地说道："爸爸，我舒服多了。"多马克给爱莉莎测量了体温，证实烧已经退了。人世间，没有比这更令人高兴的事了。爱莉莎是医学史上第一个用磺胺药治好病的病人。事后，多马克自豪地说："治好我的女儿，是对我发明的最高奖赏。"

第二次世界大战结束后，多马克赶到瑞典斯德哥尔摩，正式领取诺贝尔奖。据说，多马克领奖后，面对众多的记者，风趣地说："我已经接受过上帝对我的最高奖赏——给了我女儿第二次生命；今天，我再次接受人类对我的最高奖赏。"

人类免疫的开创者
——人痘接种法

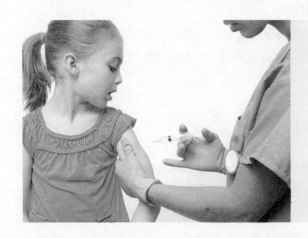

起　　源：中国
问世年代：18 世纪

天花是一种烈性传染病，得病者死亡率非常高。严重损坏人容貌的麻子，就是感染天花后留下的点点疤痕。天花大约在汉代由战争的俘虏传入我国。古医书中的"豆疮"、"疱疮"等都是天花的别名。

人痘接种法的种类

长期以来，人类对于天花病一直没有有效的防治方法。我国古代人民在同这种猖獗的传染病不断做斗争的过程中，于明代发明了预防天花的人痘接种方法。

我国发明的人痘接种法，归纳起来分为以下四种：

1. 痘衣法：用得了天花的患者的衬衣，给被接种者穿上，使他感染。

2. 痘浆法：用棉花蘸染痘疮的疮浆，塞入被接种者的鼻子里，使他感染。

3. 旱苗法：把光圆红润的痘痂阴干研细，用细管吹入被接种者的鼻孔里。

4. 水苗法：用水把研成粉末状的痘痂调匀，再用棉花蘸染，塞入被接种者的鼻孔里。

人痘接种法的发明

上述四种方法，痘衣法和痘浆法比较原始，旱苗法和水苗法都是用豆痂作为痘苗，虽然方法上比痘衣法和痘浆法有所改进，但仍是用人工方法感染天花，有一定危险性。后来在不断实践的过程中，发现如果用接种多次的痘痂作疫苗，则毒性减弱，接种后比较安全。人痘苗的选育方法，完全符合现代制备疫苗的科学原理。它与今天用于预防结核病的"卡介苗"定向减毒选育、使菌株毒性汰尽、抗原性独存的原理，是完全一致的。

我国人痘接种法影响着全世界

人痘接种法的发明，有效地保护了我国人民的健康，而且很快传播到世界各地。清康熙二十七年（公元 1688 年），俄国医生来到北京学习种人痘的方法，不久又从俄国传至土耳其，随即传入英国和欧洲各地。18 世纪中叶，人痘接种法已传遍欧亚大陆。人痘接种法的发明，是我国对世界医学的一大贡献。

牛痘接种法传入我国

1796 年英国人琴纳发明了牛痘接种法，1805 年传入我国。因为牛痘比人痘更加安全，我国也逐渐用种牛痘代替了种人痘，并改进了种痘技术。

扩展阅读

战争中死于枪弹的人数远远低于死于疾病的人数，而天花是美国军队中发病率最高、死亡人数最多的一种疾病。1776 年美国人亚当斯在费城发出绝望地感叹："天花呀天花，我们能对你做些什么呢？我只祈求在新英格兰的每个城市里都开办种痘医院（指种人痘的医院）。"同年，沙利文将军在给华盛顿总统的一份报告中说："我们无法执行任务，因为某些军团内，士兵全部患天花病倒了。"从这些事件中可以看出，直到 18 世纪，天花肆虐仍使人恐怖，人痘接种术成为这一时期人们对抗天花的主要手段。

结核病终结者
——卡介苗的问世

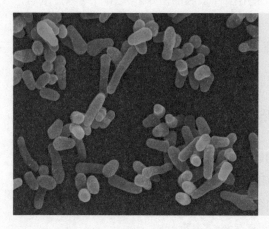

起　　源：法国
问世年代：20 世纪
发 明 人：卡默德和介兰

　　卡介苗是一种用来预防儿童结核病的预防接种疫苗。接种后可使儿童产生对结核病的特殊抵抗力。由于这一疫苗是由两位法国学者卡迈尔与介兰发明的，为了纪念发明者，将这一预防结核病的疫苗定名为"卡介苗"。目前，世界上多数国家都已将卡介苗列为计划免疫必须接种的疫苗之一。卡介苗接种的主要对象是新生婴幼儿，接种后可预防发生儿童结核病，特别是能防止那些严重类型的结核病，如结核性脑膜炎。

卡介苗的由来

　　20 世纪初，法国有两位细菌学家——卡默德和介兰，他们共同试制成功了预防结核菌的人工疫苗，又称"卡介苗"。那是秋天的一个下午，卡默德和介兰走在巴黎近郊的马波泰农场的一条小路上做实验，试图把结核杆菌接种到两只公羊身上，但每次都失败了。走着走着，他们发现田里的玉米秆儿很矮，穗儿又小，便关心地问旁边的农场主："这些玉米是不是缺乏肥料呢？"农场主说："不是，先生。这玉米引种到这里已经十几代了，可能有些退化了。""什么？请您再说一遍！"农场主笑着说："是退化了，一代不如一代啦！"看着匆匆离去的两个人，他觉得很好笑。卡默德和介兰从玉米的退化马上联想到：如果把毒性强烈的结核杆菌一代代培养下去，它的毒性是否也会退化呢？用已退化了毒性的结核杆菌再注射到人体中，不就可以既不伤害人体，也能使人体产生免疫力了吗？两位科学家足足花了 13 年的时间，终于成功培育了第 230 代被驯服的结核杆菌，作为人工疫苗！

卡介苗的作用

接种卡介苗对儿童的健康成长很有好处。卡介苗接种被称为"出生第一针"，所以在产院、产科新生婴儿一出生就应该接种。如果出生时没能及时接种，在 1 岁以内一定要到当地结核病防治所卡介苗门诊或者卫生防疫站计划免疫门诊去补种。有句俗语证明这一点：儿童要防痨，快种卡介苗。

知识
链接

肺结核病是一种传染病，一听到某人得了肺结核，人们难免会紧张，但并不是所有结核病人都具有传染性。现代研究证明，在结核病人中，只有显微镜检查发现痰液中有结核菌的肺结核病人才有传染性。结核菌主要通过呼吸道传播。飞沫传播是肺结核最重要的传播途径。传染源主要是排菌的肺结核病人的痰。传染的次要途径是经消化道进入体内，此外还可经皮肤传播。

炎症的天敌
——青霉素的发明

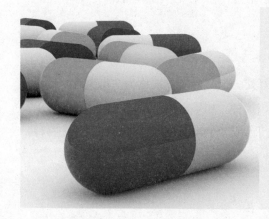

起　　源：英国
问世年代：1928 年
发 明 人：弗莱明

青霉素是抗生素的一种，是从青霉菌培养液中提制的药物，是第一种能够治疗人类疾病的抗生素。

一次意外的发现

青霉素的发现者是英国细菌学家弗莱明。1928 年的一天，弗莱明在他的一间简陋的实验室里研究导致人体发热的葡萄球菌。由于盖子没有盖好，他发觉培养细菌用的琼脂上附着了一层青霉菌。这是从楼上的一位研究青霉菌的学者的窗口飘落进来的。使弗莱明感到惊讶的是，在青霉菌的近旁，葡萄球菌忽然不见了。这个偶然的发现深深吸引了他，他设法培养这种霉菌并进行多次试验，证明青霉素可以在几小时内将葡萄球菌全部杀死。弗莱明据此发明了葡萄球菌的克星——青霉素。

青霉素的发展史

1929 年，弗莱明发表了学术论文，报告了他的发现，但当时未引起重视，而且青霉素的提纯问题也还没有解决。

1935 年，英国牛津大学生物化学家钱恩和物理学家弗罗里对弗莱明的发现大感兴趣。钱恩负责青霉菌的培养和青霉素的分离、提纯和强化，使其抗菌力提高了几千倍，同时，弗罗里负责对动物观察试验。至此，青霉素的功效得到了证明。

由于青霉素的发现和大量生产，拯救了千百万肺炎、脑膜炎、脓肿、败血症患者的生命，及时抢救了许多的伤病员。

第二次世界大战促使青霉素大量生产。1943 年，已有足够青霉素治疗伤兵；1950 年产量可满足全世界需求。青霉素的发现与研究成功，成为医学史的一项奇迹。青霉素从临床应用开始，至今已发展为三代。

1945 年，发现青霉素的弗莱明与研制出青霉素化学制剂的英国病理学家弗罗里、德国化学家钱恩一起获得了诺贝尔生理学奖和医学奖。

知识
链接

预防过敏，主要是用药前，必须了解病人既往有无青霉素过敏史，如有，则绝不能使用，如无过敏史，则此次注射应按照规定剂量作皮肤试验，20 分钟后，如局部出现红肿并有伪足，肿块直径大于 1 厘米时为阳性反应，即不应注射。如阴性，则可注射。当注射完毕后，病人不应立即离开，观察十几分钟无反应后再走。连续用后停药，通常 24 小时后继续用药，建议重新作皮试。

中国人的骄傲
——麻醉剂的诞生

起　　源：中国
问世年代：公元 2 世纪
起 名 人：华佗

　　麻醉是指用药物或非药物方法使机体或机体一部分暂时失去感觉，以达到无痛的目的，多用于手术或某些疾病的治疗。麻醉剂是谁发明的？最早使用麻醉剂的是哪个国家？

华佗发明麻沸散

　　麻醉剂是中国古代外科成就之一。早在距今 2000 年之前，中国医学中已经有麻醉药和醒药的实际应用了。《列子·汤问篇》中记述了扁鹊用"毒酒""迷死"病人施以手术再用"神药"催醒的故事。

　　东汉时期，即公元 2 世纪，我国古代著名医学家华佗发明了"麻沸散"，作为外科手术时的麻醉剂。他曾经成功地做过腹腔肿瘤切除术，肠、骨部分切除吻合术等。中药麻醉剂——"麻沸散"的问世，对医学外科发展起了极大的推动作用，对后世的影响是相当大的。华佗发明和使用麻醉剂，比西方医学家使用乙醚、"笑气"等麻醉剂进行手术要早 1600 年左右。因此说，华佗不仅是中国第一个，也是世界上第一个麻醉剂的研制和使用者。可惜"麻沸散"后来失传了。

一次偶然的牙痛诞生了麻醉剂

近代最早发明全身麻醉剂的人是 19 世纪初期的英国化学家戴维。有一天，他牙疼得厉害，当他走进一间充有"一氧化二氮"气体房间时，牙齿忽然不感觉疼了。好奇心使戴维作了很多次试验，从而证明了一氧化二氮具有麻醉作用。因为戴维闻到这种气体时感到很爽快，于是称它为"笑气"。由于戴维不懂医学，没有把这个发现公布于世。

1844 年，美国化学家考尔顿在研究了笑气对人体的催眠作用后，带着笑气到各地演讲，作催眠示范表演。在一次表演中，引起了在场观看表演的一名牙科医生威尔士的重视，激发了他对笑气可能具有麻醉作用的设想。经几次试验后，1845 年 1 月，威尔士在美国波士顿一家医院公开表演在麻醉下进行无痛拔牙手术。由于麻醉不足，表演失败。但是，了解他全部过程的青年助手莫尔顿却仍对麻醉的可能性深信不疑。莫尔顿研究发现，一氧化二氮虽有麻醉作用，但效力较小，他从化学家杰克逊那里得到启示，决定采用乙醚来进行麻醉。1846 年 10 月，他成功地进行了近代世界上第一例病人在麻醉状态下的手术。

不为动物咬伤而恐慌
——狂犬疫苗的出现

起　　源：法国
问世年代：1889 年
发 明 人：路易斯·巴斯德

现在人们都知道，人一旦被狗咬了得赶紧上医院，迅速注射狂犬病疫苗，否则不久就会发作狂犬病。然而你知道发明狂犬病疫苗的人是谁吗？也许你对他并不熟悉，他就是法国伟大的科学家路易斯·巴斯德。

狂犬病疫苗诞生

巴斯德 9 岁时，曾经看到过有一个被疯狗咬伤的人，那个人跪在铁匠面前，请求他用烧红的铁，烙在被疯狗咬伤的伤口上，在那个人的惨叫声中，巴斯德吓得捂起耳朵，飞快地跑开。但是，即使用这种野蛮的方法进行治疗，那个狂犬病人仍然死了。

巴斯德大学毕业后，荣获了博士学位，并担任了教授。但他永远忘不了小时候听到的那凄惨的叫声，于是他决心对当时流行的狂犬病进行研究。巴斯德为了弄清狂犬病病毒传染问题，多次用疯狗和兔子来试验。他有时把疯狗的唾液注射到健康的兔子身上，有时让疯狗直接去咬兔子。

有一次，一只疯狗疯病发作，口流唾液，但就是不肯去咬兔子。为了取得疯狗的唾液，巴斯德俯身下去，口含一个玻璃滴管，对着疯狗的嘴巴把毒液一滴一滴吸入口中的滴管，当时他的表情极其安详，好像忘却了自己是在同死亡较量。

在研究狂犬病疫苗的过程中，巴斯德以其不畏艰难、勇于牺牲的坚强意志和实事求是的科学态度，坚韧不拔地进行了无数次试验。最后，他终于在 1889 年发明了狂犬病疫苗。

知识
链接

被感染狂犬病毒的动物咬伤后不注射狂犬疫苗会发生狂犬病吗？

被感染狂犬病毒的动物咬伤后，未注射狂犬疫苗，也不一定都会发生狂犬病。是否发生狂犬病，与咬人动物的种类，所含病毒的毒力强弱，进入人体内的病毒量，受伤者的年龄，身体状况、咬伤部位，伤势轻重，咬伤后伤口局部处理情况等因素有直接关系。

穿透人体的医生
——X 射线的发现

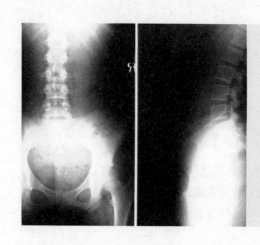

起　　源：德国
问世年代：1895 年
发 现 人：威廉姆·康拉德·伦琴

发现 X 射线的人大家都不会陌生吧？他就是德国的物理学家伦琴。

伦琴意外发现闪光

1865 年，20 岁的伦琴，说服父母到苏黎世综合技术学院学习物理，但大学里的一般物理课程教学已经不能使他满足。后来，他听说德国沃兹大学的康特教授德高望重，便登门求教，并拜康特为师，当了康特教授的助教。在老师的悉心指导下，伦琴成长得很快。

1895 年，伦琴在沃兹堡大学期间，非常热衷于阴极射线管的研究。由于阴极射线管中的辉光非常微弱，所以在做实验前一定要把屋子遮得很暗。

有一次，伦琴用一张黑纸把阴极射线管严严实实地包好，不让一丝光露出来，然后看看屋子里是否很暗。就在这时候，他看到桌子上距阴极射线管 1 米左右的一张纸在闪闪发光。伦琴不知道这是哪里漏出来的光，他在黑暗的屋子里找来找去，也没有找到一处漏光的地方。最后他把阴极射线管的电源切断，闪光才消失。

X 射线诞生

为了进一步研究，伦琴在实验室里连续工作了 6 周，结果他发现从阴极射线管射出的这种看不见的未知射线，具有强大的穿透能力，像玻璃、橡胶都挡不住。就算他把荧光纸放到隔壁实验室，这张纸仍然闪闪发光。后来，他又用各种金属进行实验，他发现除了铅和铂以外，其他的金属同样都能被穿透。由于这种了不起的射线尚属未知，于是伦琴给它命名为 X 射线。

知识
链接

伦琴获得第一个诺贝尔物理学奖

1895 年圣诞节前夕，伦琴给他妻子的手拍了一张 X 光片。随后发表了关于他拍摄妻子手骨照片的论文并演示了拍摄过程。那个时候，诺贝尔奖刚刚设立。评奖委员会在 1901 年将第一个物理学奖颁发给伦琴时，特别指出，这位德国学者的发现，具有"实际应用结果"。当时的伦琴，已经非常有名，获得了不少的荣誉，所以，把刚刚问世的诺贝尔奖发给他，不仅给他本人带来荣誉，而且也有利于提高这一新奖的声誉。然而，诺贝尔奖章程中唯一要求的获奖发言，伦琴却从来没有做过。这位著名的科学家，不爱在公共场合出头露面，一生中经常躲避这样的发言。

20 世纪的 "照妖镜"
——CT 扫描仪的发明

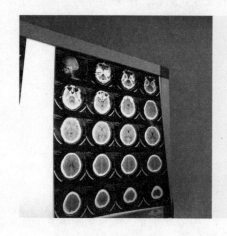

起　　源：英国
问世年代：1971 年
发 明 人：汉斯菲尔德

CT 的全称是 CT–X 线电子计算机体层摄影仪，它是电脑与 X 光扫描综合技术的产物，集中了当代一系列不同技术领域的最新成就。它能把人体一层一层地用彩色图像显现出来，达到查出人体内任何部位的微小病变的目的。

震动医学界的产物

CT 的研制始于 20 世纪 60 年代。1963 年，美国物理学家科马克首先提出图像重建的数学方法；1967 年，英国工程师汉斯菲尔德，在前者的基础上继续进行研究，并于 1969 年，制作了一架简单装置，此装置是用加强的 X 线为放射源，对人的头部进行实验性扫描测量，结果，他取得惊人的成功，这次扫描测量得到了脑内断层分布图像。

1971 年 9 月，汉斯菲尔德与神经放射学家合作，安装了第一台原型设备，并在同年 10 月 4 日正式检查了第一个病人。当时患者仰卧在这台设备上，X 射线管在对人体扫描时它下方的一台计数器装置也同时旋转。由于人体器官内的病理组织和正常组织对 X 射线的吸收程度不同，这些差别会反映在计数器上，经电子计算机处理，便构成了身体部位的横断图像，呈现在荧光屏上。这次试验的结果在 1972 年 4 月召开的英国放射学家研究年会上首次发表，同时也宣告了 CT 的诞生。这一宣告震动了医学界，它被称为自伦琴发现 X 射线以来，放射诊断学上最重要的成就。

知识
链接

　　除了医学上的 CT 扫描仪，还有一种是计算机外部仪器设备，通过捕获图像并将之转换成计算机可以显示、编辑、存储和输出的数字化输入设备。照片、文本页面、图纸、美术图画、照相底片、菲林软片，甚至纺织品、标牌面板、印制板样品等三维对象都可作为扫描对象，提取和将原始的线条、图形、文字、照片、平面实物转换成可以编辑及加入文件中的装置。

心脏的跳动电影
——心电图仪的发明

起　　源：荷兰
问世年代：1903 年
发 明 人：爱因索文

　　心电图仪又叫心电描记器，是心脏病患者检查病情的严重程度和病后恢复的情况常用的仪器。提到这项了不起的发明，人们应该感谢一个人，那就是爱因索文，正是他在 1903 年发明这项技术。

心电图仪的诞生

　　爱因索文于 1860 年出生于西印度群岛，1885 年取得医生资格。他的第一项发明便是心电描记器，但它最初叫弦线电流计。弦线电流计是在一个磁场的两极之间悬有一根很细的镀银的石英丝的仪器，在有电流通过它时，石英丝（或称为弦线）便会摆动到一定的位置（在与磁力线垂直的方向上）。这种精巧的装置特别适合于测量极其微弱的电流，例如肌肉收缩时产生的电流。

　　这项发明诞生之后，爱因索文便决定用它来研究人类心脏的活动。（在爱因索文之前，已有两个德国科学家发现了青蛙的心脏能产生电流的现象。）经过试验爱因索文发现，通过把弦线电流计的电极，置于一个病人的手臂和肌腱上的方式能够探测到心脏向全身泵送血液时通过心肌的电脉冲。

后来，爱因索文又想出了一种记录下这种电脉冲的绝妙的方法：当弦线电流计的弦线在偏移时，用一条长长的感光纸挡住一束光，并让其不断地移动，这束光能在纸上留下阴影，这样就能画出心电图来——伴随心脏肌肉活动的电活动的连续记录。

知识
链接

西印度群岛是北美洲的岛群，位于大西洋及其属海墨西哥湾、加勒比海之间，北隔佛罗里达海峡与美国佛罗里达半岛相望，东南邻近委内瑞拉北岸，从西端的古巴岛到委内瑞拉北海岸的阿鲁巴岛，呈自西向东突出的弧形，伸延 4700 多公里。面积约 24 万平方公里。

聆听心脏声音
——听诊器的窃听风云

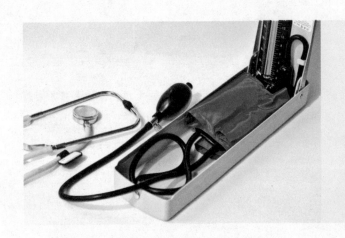

起　　源：法国
问世年代：1816 年
发 明 人：雷奈克

　　听诊器可以说是每个医生必备的检查用具了，它构造虽然简单，但却很重要，它是内外妇儿医师最常用的诊断用具，是医师的工作标志。

发明者最初的医学熏陶

　　雷奈克的全名叫何内·希欧斐列·海辛特·雷奈克，出生于 1781 年 2 月 17 日，当时的法国医学正处于黄金时代。雷奈克 6 岁那年，他的母亲便因肺结核去世了，他父亲是个小公务员，由于担负不了沉重的生活负担，就把小雷奈克送到他的叔叔居洛木·雷奈克医师那里寄养。居洛木不是一般的医师，他早先在巴黎学习医学，其间曾到德国进修，最后毕业于历史悠久的蒙佩里大学。由于他的医术精湛，在短短的两年内就当上了南特大学医学院的院长。在当时的南特地区，居洛木家可以说是显赫一时。少年时代的雷奈克本来很喜欢机械工程学，但由于受叔叔的影响，雷奈克最终还是选择了医学作为以后的职业，并在叔叔的帮助下，于 14 岁时进入南特大学附属医院开始学习医学。

医学史上的重大发明就在一瞬间

1816 年，在巴黎待了十几年也没被政府医院任用的雷奈克已经 35 岁，正准备回到南特大学参加叔叔的执业行列时，意想不到的一件事不仅改变了他的一生，而且也改变了医学的历史——内克医院决定聘用他！非常可笑的是，这位在欧洲大名鼎鼎的医学研究者之所以能获得他期待许久的工作，不是因为他超凡的能力和巨大的发展潜力，而是单纯地因为人际关系。雷奈克的一个名叫贝菲的朋友正好从次国务卿升任为内政部长，有权决定谁到内克医院任职。

不管怎么说，雷奈克就是在内克医院发明了使整个医学前进一大步的听诊器。他的一位名叫格拉维尔的学生在关键时刻正好在场，这个来自英格兰的年轻人记下那天是 9 月 13 日。格拉维尔的记录带有几分野史意味："早上雷奈克医师在卢浮宫广场散步时，看到几个孩子正在玩他在孩提时代常玩的一种游戏——一个孩子附耳于一根长木条的一端，他可以听清楚另一个孩子在另一端用大头针刮出的密码。绝顶聪明的雷奈克一下子想到他的一个女患者的病情……他立即招来一辆马拉篷车，直奔内克医院。他紧紧卷起一本笔记本，紧密地贴在那位美丽少女左边丰满的乳房下——长久困扰着他的诊断问题迎刃而解了！于是，听诊器诞生了！"然而，雷奈克在回忆录中这样写道："1816 年我去探视一位年轻的女患者，她正因心脏病的症状而受苦。由于她体形肥胖，以手敲诊或触诊断又起不了作用，而附耳于其胸口做诊断又不被风俗允许，我忽然想到少年时用木杆传递声音的游戏，我的意思是，音响学里指出，声音透过某些固体的传递可以达到放大的效果。灵光一现之后，我立刻用纸卷成圆筒，结果一点也不意外，我听到心脏运动的声音，比我以前任何一次直接附耳于患者胸口来得更清晰。那一刻，我思索着，这是一个好办法，除了心脏以外，胸腔内器官运动所制造的声音，应该也可以使我们更确认其特性……"显然就在一瞬间，一个卷起的纸筒使临床医学向前迈进了一大步。

跳动的精彩
——心脏起搏器的问世

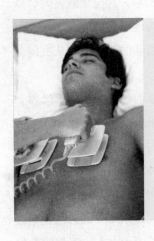

起　　源：美国

问世时间：1952 年

发 明 者：佐尔 (Paul M.zoll)

　　威胁现代人们健康的最大杀手是什么？不是 AIDS，不是癌症，甚至不是车祸，而是心脑血管疾病。拥有一颗好心脏，你就减少了一半的健康风险。而心脏起搏器对心脏的保护和治疗，可以说是 20 世纪最伟大的健康发明。

人工心脏起搏的开创时代

　　在前人研究的基础上，1952 年 1 月，美国哈佛大学医学院佐尔医生首次在人体胸壁的表面施行脉宽 2ms、强度为 75~150V 的电脉冲刺激心脏，成功地为 1 例心脏停搏患者进行心脏复苏，挽救了这位濒临死亡病人的生命。电极缝在胸壁，使电刺激起搏心脏的同时也刺激胸部肌肉，引起局部肌肉的抽动和疼痛，这一创举立即受到医学界和工程技术界人士的广泛重视，迎来了心脏病学的一个变革时期，临时性心脏起搏器术逐渐被医学界广泛接受，成为一种常规的缓慢性心律失常的治疗方法。佐尔被尊称为"心脏起搏之父"。

　　佐尔的这一创举是其多年潜心研究的硕果。最初他在狗的身体上进行实验，将刺激电极缝置在胸壁和食管处，细心观察刺激电极能否起到起搏心脏的作用。此后，佐尔研究成功一种标准类型的起搏器，他用一根长线状电极放置在狗的食管内，另一根缝置在狗的心包上，实验结果表明，电的脉冲刺激能引起心室有效的收缩，可使已经停跳的心脏复跳，并维持有效的血液循环。接着他又着手改进心外起搏技术和仪器，力求起搏仪器操作简单，功能完善，便于临床使用和推广。佐尔的研究中发现，当电流达 50~200MA（或 30~50W）时，心脏才对刺激起反应，当刺激电极的负极与心肌紧密贴近时，有效起搏心脏所需的能量相对较低。起搏刺激的脉宽一般需要 2~3ms，而且不易产生竞争性效应。他也注意到，心动过速或室颤引起心肌本身缺血和缺氧时，应用电脉冲刺激容易引起两种心律的竞争。1960 年，佐尔等人，分别通过开胸手术，植入心脏脉冲发生器及电极导线系统，使临时性起搏技术开始走向永久性。佐尔卓有成效的工作开创了心脏停搏的有效急救方法，开创了人工心脏起搏的新时代。

现代起搏器技术的确立

永久全埋藏式起搏器的植入标志着心脏起搏技术进入固率型时代。随后第二代起搏器与第三代即生理性起搏器时代的到来。1995 年，首例自动阀值夺获型起搏器问世，这一技术开创了起搏器自动化的新时代。其特点为根据佩带者的实际情况制定其在体内工作的各种参数。至今，心脏起搏技术还在迅猛发展，每年都有很多新的功能、新的技术问世，使起搏器技术更加完善，使佩带者更大程度上受益。

探测微观世界
——显微镜的侦探人生

起　　源：荷兰
问世时间：16 世纪末期
发 明 者：札恰里亚斯·詹森

　　显微镜的发明，为人类叩开了神秘的微观世界的大门，人类从此开始走进另一个眼睛看不见的新世界。人们第一次看到了数以百计的"新的"微小动物和植物，以及从人体到植物纤维等各种东西的内部构造。显微镜还有助于科学家发现新物种，有助于医生治疗疾病。

打开微观世界大门的工具——显微镜

　　最早的显微镜是由一个叫詹森的眼镜制造匠人于 1590 年发明的。这个显微镜是用一个凹镜和一个凸镜做成的，制作水平还很低。詹森虽然是发明显微镜的第一人，却并没有发现显微镜的真正价值。也许正是因为这个原因，詹森的发明并没有引起世人的重视。事隔 90 多年后，显微镜又被荷兰人列文虎克研究成功了，并且开始真正地用于科学研究试验。关于列文虎克发明显微镜的过程，也是充满偶然性的。

　　列文虎克于 1632 年出生于荷兰的德尔夫特市，从没接受过正规的科学训练。但他是一个对新奇事物充满强烈兴趣的人。一次，他从朋友那里听说荷兰最大的城市阿姆斯特丹的眼镜店可以磨制放大镜，用放大镜可以把肉眼看不清的东西看得很清楚。他对这个神奇的放大镜充满了好奇心，但又因为价格太高而买不起。从此，他经常出入眼镜店，认真观察磨制镜片的工作，暗暗地学习着磨制镜片的技术。功夫不负有心人。1665 年，列文虎克终于制成了一块直径只有 0.3 厘米的小透镜，并做了一个架，把这块小透镜镶在架上，又在透镜下边装了一块铜板，上面钻了一个小孔，使光线从这里射进而反射出所观察的东西。这样，列文虎克的第一台显微镜成功了。由于他有着磨制高倍镜片的精湛技术，他制成的显微镜的放大倍数，超过了当时世界上已有的任何显微镜。

列文虎克并没有就此止步，他继续下功夫改进显微镜，进一步提高其性能，以便更好地去观察了解神秘的微观世界。为此，他辞退了工作，专心致志地研制显微镜。几年后，他终于研制出了能把物体放大 300 倍的显微镜。

1675 年的一个雨天，列文虎克从院子里用杯子舀了一杯雨水用显微镜观察。他发现水滴中有许多奇形怪状的小生物在蠕动，而且数量惊人。在一滴雨水中，这些小生物要比当时全荷兰的人数还多出许多倍。以后，列文虎克又用显微镜发现了红血球和酵母菌。这样，他就成为世界上第一个微生物世界的发现者，被吸收为英国皇家学会的会员。

显微镜的发明和列文虎克的研究工作，为生物学的发展奠定了基础。利用显微镜发现，各种传染病都是由特定的细菌引起的。这就导致了抵抗疾病的健康检查、种痘和药物研制的成功。

据说，列文虎克是一个对自己的发明守口如瓶、严守秘密的人。直到现在，显微镜学家们还弄不明白他是怎样用那种原始的工具获得那么好的效果的。

血的速度
——血压计的保卫战

起　　源：英国
问世时间：1835 年
发 明 者：尤利乌斯·埃里松

　　血压是血液在血管内流动时，作用于血管壁的压力，它是推动血液在血管内流动的动力。而血压计在现代人的生活中，可以说无处不在。它已不仅是医生用的体检工具，更成为人们生活中离不开的保健用具了。

血压计的"血腥史"

切开马的动脉实验

　　最早认识到血压存在的是英国科学家威廉·哈维，他在 1628 年发表的著作《心与血的运动》中提出了血压的概念。这以后，开始有人尝试测量血压。最早有这个想法并开始实施的，是英国生理学家黑尔斯。他的方法今天看来可能有些"血腥"——在活体动物身上切开动脉血管测量血压。1733 年，他在马的股动脉中插入一根铜管，另一端再连接一根长长的玻璃管，随后马的动脉血冲入玻璃管，形成高达 2.5 米的血柱，并随马心的搏动上下跳动。

从粗糙到精准

　　如此骇人的测量方法当然不能应用在人身上。1835 年，科学家尤利乌斯·埃里松发明了一个血压计，把脉搏的搏动传导给一个狭窄的水银柱。脉搏搏动时，水银相应地上下跳动。人们终于可以在不切开动脉的情况下测量血压。但它有制作粗陋且读数不准确的缺点。1896 年，意大利医生里瓦·罗基发明出了现在仍在使用的裹臂式血压计。它有个能充气的袖带，环绕在手臂上。一端连接充气装置，另一端连接到水银测压装置上。医生用听诊器听脉搏跳动，在刻度表上读出血压数。

百年前发明仍在用

1905 年，俄国医师柯罗特科夫进一步改进了这种裹臂式血压计。基本原理不变，只是明确了舒张压和收缩压：通过放在肱动脉上的听诊器，听到当袖袋压刚小于肱动脉血压时，血流冲过被压扁动脉所产生的振动声（简称柯氏音），即为心脏收缩期的最高压力，叫作收缩压。继续放气，柯氏音加大，当声音变得低沉而长时所测得的血压读数，叫作舒张压。直到现在，人们还是以柯罗特科夫提出的血压测量方法作为金标准，无论在医院还是在家庭，裹臂式水银血压计仍旧是最主流的测量工具。

测量方法——听诊法和示波法

听诊法又叫柯氏音法，也分为人工柯氏音法和电子柯氏音法。人工柯氏音法也就是我们通常所见到的医生、护士用压力表与听诊器进行测量血压的方法；电子柯氏音法则是用电子技术代替医生、护士的柯氏音测量方法。目前听诊法测量血压所用的血压计由气球、袖带和检压计三部分组成。

示波法也叫振荡法，先把袖带捆在手臂上，对袖带自动充气，到一定压力（一般比收缩压高出 30~50mmHg）后停止加压，开始放气，当气压到一定程度，血流就能通过血管，且有一定的振荡波，振荡波通过气管传播到压力传感器，压力传感能实时检测到所测袖带内的压力及波动。

第六章

震撼人心的电子高科技

电子高科技并不神秘，其实它就在你的身边。高科技以人为本，是人类智慧的展现。扑面而来的高科技浪潮冲击、改变着人类社会生活的各个领域，也冲击、震撼着每个人的心。高科技关注每一个人，每一个人都要关注高科技。

远距离目标的探测
——雷达的发明

起　　源：英国
问世时间：1935 年
发明人：罗伯特·沃特森·瓦特

雷达的概念形成于 20 世纪初，名字的意思为无线电检测和测距的电子设备。如今，雷达种类繁多，各种雷达的具体用途和结构不尽相同，但基本形式是一致的，包括发射机、发射天线、接收机、接收天线，处理部分以及显示器。还有电源设备、数据录取设备、抗干扰设备等辅助设备。

关于雷达的探索

第一次世界大战期间，军用飞机出现，一些国家在抵御敌机的进攻方面遇到了很大的困难。为此，有的科学家开始研制一种远距离寻找飞机的仪器，这就是后来的雷达。不过，雷达的发明可以追溯到 19 世纪。1887 年，德国科学家赫兹在证实电磁波的存在时，就已发现电磁波在传播的过程中遇到金属物会被反射回来，就如同用镜子可以反射光一样。这实质上就是雷达的工作原理。

后来，俄国发明家波波夫利用这一原理来进行无线电通讯试验时，通信突然中断了，几分钟后又恢复了正常。这种现象连续几次出现，起初他以为是机器出现了故障，经检查，一切正常。于是，他观察了外部的情况，发现一艘轮船正通过两艘军舰之间，等船驶过后，两舰之间的通讯又恢复了正常。波波夫凭着自己敏锐的感觉，立刻意识到，就是这只船在经过两舰之间时挡住了无线电波。他由此想到，如果在海上航线上设置无线电通信设备，就可以利用电波探测到海上目标。但令人遗憾的是，他没有将此想法付诸实践。直到 1922 年，美国科学家马可尼根据波波夫的设想，在海上航道两侧安装了电磁波发射机和接收机，当有船只经过时，通过电波马上就可以测出。这就等于在海上设置了一道看不见的警戒线。不过这种装置仍然不能算是严格意义上的雷达。

沃特森·瓦特发明雷达

1935 年，英国著名的物理学家、国家物理研究所无线电研究室主任沃特森·瓦特在此基础上发明了一种既能发射无线电波，又能接收反射射波的装置，它能在很远的距离就探测到飞机的行动，这就是世界上第一台雷达。这台雷达能发出 1.5 厘米的微波，因为微波比中波、短波的方向性都要好，遇到障碍后反射回的能量大，所以探测空中飞行的飞机性能好。为了安全和方便，当时称这种雷达为 CH 系统。经过几次改进后，1938 年，CH 系统才正式安装在泰晤士河口附近；这个 200 公里长的雷达网，在第二次世界大战中给希特勒造成极大的威胁。随后，英国海军又将雷达安装在军舰上，这些雷达在海战中也发挥了重要作用。雷达不仅运用在军事上，还可用来探测天气，查找地下 20 米深处的古墓、空洞、蚁穴等。随着科学技术的进步，雷达的应用也越来越广泛。

人类通讯史上的里程碑
——手机的出现

起　　源：美国
问世年代：1973 年
发 明 人：马丁·库珀

　　如今的手机可谓花样翻新、层出不穷。但不知你想过没有，第一部手机是什么样子呢？能够制造出如此了不起的机器，这个天才的发明家究竟是谁呢？要想解开这些疑问，还必须从 20 世纪 60 年代说起。

移动电话诞生了

　　当时的通讯巨头贝尔公司，一直固守着自己在固定电话方面的垄断地位，他们在很长一段时间里偏重于自己传统的硬线资产，甚至预言到 1995 年手机用户不会超过 90 万。然而摩托罗拉公司的马丁·库珀则认为移动电话符合万物的自然规律，他决心证明手机是可行的。于是马丁·库珀带领他的团队用了 6 周的时间就完成了世界通讯史上的巨大突破，研制出了世界上第一部"便携式"移动电话——手机。这是一个采用数以千计的零件制造而成，仅仅为了实现无线通话功能的机器。

第一部手机首次公开亮相的趣事

当时，从事手机研发工作的除了马丁·库珀的团队以外，还有贝尔实验室的工作人员，可以说他们之间是相当激烈的竞争对手。马丁·库珀在获得成功之后，为了向对手宣告胜利，便采用了最直接的方法——使用自己研发的手机在街上给贝尔实验室打了一个电话。虽然贝尔实验室的人对这个来电并不重视，但这对后人的意义却非同凡响，因为这是人类通讯史上的第一次手机通话。所以，1973 年 4 月 3 日这一天也被后人认定为手机的生日。

马丁·库珀用事实证明了自己的观点，他敢于挑战传统的行为，不但为他赢得了荣誉，更改变了世界的未来。

知识
链接

贝尔，英国发明家，电话的发明人。出生于英国的爱丁堡，14 岁在爱丁堡皇家中学毕业后，曾在爱丁堡大学和伦敦大学学院听课，主要靠自学和家庭教育。

轰动四方的发明
——便携计算机

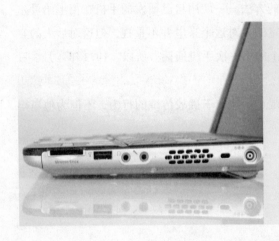

起　　源：美国
问世年代：1981 年
发 明 人：亚当·奥斯本

　　便携式是指移动性能较高的个人电脑产品。便携式电脑首要考虑的是笔记本电脑的便携性，有时为了追求轻薄甚至牺牲部分性能和功能。现在市场上的便携式电脑琳琅满目，但你知道第一个便携计算机是谁发明的吗？

理想要自己去实现

　　在硅谷历史上，亚当·奥斯本绝对算得上是一个人物，他在 20 世纪 70 年代初期得到了一份为英特尔新发明的微处理器编写说明书的工作，随后成为技术领域的自由撰稿人，先后在计算机杂志《界面时代》和《Infoworld》上开辟专栏。但奥斯本有更大的计划，他想要成为这个行业的一分子、硅谷的大亨，从而向对他的逻辑发生过怀疑的人证明他们的错误。亚当·奥斯本曾毫不谦虚，甚至有些自大地说："我跟每一个人说，他们应该制造什么，可是没有人听我的话，所以我自己去制造了。"

第一台便携式计算机诞生了

令人惊奇的是，亚当·奥斯本证明了他的设想是合理的，他有个很好的主意：利用电路体积变得越来越小的优势，制造出一种既小又轻而且结实的便携式个人计算机。

1980 年 3 月，在西海岸计算机展览会上，亚当·奥斯本见到了为一家硬件公司设计电路板的 Lee Felsenstein。亚当·奥斯本向他提出了自己的设想，并对 Felsenstein 提出设计要求：这台计算机一定要结实，而且既小又轻。经过一年的时间，世界上第一台便携式计算机终于在 1981 年 4 月诞生了，它刚刚出现，就引起了四方的轰动。这款机子被命名为奥斯本 I 型计算机。

瞬间影像的记录器
——数码相机的研究

起　　源：美国
问世年代：1975 年
发 明 人：斯蒂文·赛尚

　　数码相机是一种利用电子传感器把光学影像转换成电子数据的照相机。数码相机与普通照相机在胶卷上靠溴化银的化学变化来记录图像的原理不同，数码相机的传感器是一种光感应式的电荷耦合或互补金属氧化物半导体。在图像传输到计算机以前，通常会先储存在数码存储设备中。

赛尚发明了数码相机

　　20 世纪 60 年代美国宇航局在宇航员被派往月球之前，宇航局必须对月球表面进行勘测。然而工程师们发现，由探测器传送回来的模拟信号被夹杂在宇宙里其他的射线之中，显得十分微弱，地面上的接收器无法将信号转变成清晰的图像。于是工程师们不得不另想办法。

　　赛尚于 1973 年硕士毕业后即加入柯达，成为一名应用电子研究中心的工程师。1974 年，他担负起发明"手持电子照相机"的重任。1975 年，在美国纽约罗彻斯特的柯达实验室中，一个孩子与小狗的黑白图像被 CCD 传感器所获取，记录在盒式音频磁带上。这是世界上第一台数码相机获取的第一张数码照片，影像行业的发展就此改变。也就是在这一年，第一台原型机在实验室中诞生，赛尚也成为"数码相机之父"。

数码相机的发展

在数码相机的发展史上，不得不提起的是索尼公司。索尼公司于 1981 年 8 月在一款电视摄像机中首次采用 CCD，将其用作直接将光转化为数字信号的传感器。

在这之后，数码相机就如雨后春笋般不断由各相机厂商推出，CCD 的像素不断增加，相机的功能不断翻新，拍摄的图像效果也越来越接近于传统相机了。

扩展阅读

数码相机该如何选择呢？具体来讲应注意以下几点：

1.相机的色彩位数和分辨率。这是影响相机价格的主要因素。色彩位数和分辨率越高价位也越高。

2.节能性。数码相机上一般有一个彩色的 LCD 的装置，可以随时预览、浏览或删除任何影像，在拍摄时帮助你调整好取景的拍摄时机，但同时它也相当耗电。而采光式 LCD 的应用，则可以通过采集外界的光源，使数码相机的液晶显示器发光显示图像，大大增加了电池的使用寿命。

3.存储介质。数码相机存储容量的大小决定你所能拍摄的张数，在经济条件允许的情况下存储卡当然是越大越好，但也要注意匹配。

此外，在选择数码相机的同时，还应具备专业传统相机功能，及应有相应的打印机与之匹配。

飞越整个世界的发明
——无线电的诞生

起　　源：俄国
问世年代：1894 年
发 明 人：波波夫

　　你知道吗？俄国科学家波波夫是第一个探索无线电世界，并毕生为发展无线电事业而奋斗的人。

远大的理想是成功的基石

　　波波夫于 1859 年 3 月，出生在俄国乌拉尔一个矿区的小镇，12 岁时就表现出对电工技术的爱好，自己做了个电池，还用电铃把家里的钟改装成了闹钟。

　　1877 年，18 岁的波波夫考入彼得堡大学数学物理系。后来，又转学到森林学院。在那里，他研究出了用电线遥控炸药爆炸的装置。研究成功以后，同学们都叫他"炸药专家"。

　　1888 年德国物理学家赫兹发现电磁波的事迹传到了俄国。此时已是 29 岁的波波夫，在听到这一震惊的消息之后，被强烈地吸引住了。他兴奋地说："用我一生的精力去装设电灯，对广阔的俄罗斯来说，只不过照亮了很小的一角，要是我能指挥电磁波，就可以飞越整个世界！"

第一台无线电接收机诞生

于是，波波夫开始了对电磁波的研究，仅过了一年的时间他就成功地重复了赫兹的实验。通过试验，他提出了可以用电磁波进行无线电通信的设想。为了让自己的设想变为现实，波波夫经过不懈的努力，终于在 1894 年，制成了一台无线电接收机。

1895 年 5 月 7 日，波波夫在彼得堡俄国物理化学会的物理分会上，展示了他的发明，并第一次用无线电接收机做了公开表演，这次表演轰动了世界。

几十年以后，人们把 1895 年 5 月 7 日这一天定为了"无线电发明日"。

扩展阅读

赫兹是德国物理学家，于 1888 年首先证实了无线电波的存在，并对电磁学有很大的贡献，因此频率的国际单位制单位赫兹以他的名字命名。赫兹早在少年时代就被光学和力学实验所吸引。19 岁入德累斯顿工学院学工程，由于对自然科学的爱好，次年转入柏林大学，在物理学教授亥姆霍兹指导下学习。1885 年任卡尔鲁厄大学物理学教授。1889 年，接替克劳修斯担任波恩大学物理学教授，直到逝世。赫兹对人类最伟大的贡献是用实验证实了电磁波的存在。

住满电的房子
——蓄电池的发明

起　　源：美国
问世年代：1909 年
发 明 人：爱迪生

蓄电池是电池中的一种，它的作用是能把有限的电能储存起来，在合适的地方使用。它的工作原理就是把化学能转化为电能。

实验成功还要经受住考验

在 20 世纪初，电力主要靠发电机及蓄电池提供。相比之下蓄电池要小巧、轻便、易携带，但使用寿命很短。于是大发明家爱迪生决定制造一种新型的蓄电池，经过无数次失败后，终于在 1904 年初，制成了一种新型镍铁碱电池。这种电池没有腐蚀作用，所以完全克服了原来电池那种"短命"的毛病。正当大家兴高采烈，欢呼试验成功的时候，爱迪生却说："试验并未结束，最大一道难关还在后头！"工作人员一听，心里凉了半截，他们都十分纳闷，新型蓄电池样样都好，还有什么"难关"呢？原来，爱迪生认为，任何产品仅仅在实验室中试验成功，并不能算最后的成功，还一定要经受实际考验。

为了试验蓄电池的机械强度和耐久性，爱迪生用新电池装配了 6 部电动车，叫来了 6 个工人，每人开一部，到野外坎坷的道路上每天去跑 100 英里，直跑到 6 部电动车弄得胎破轴断才结束。而此时的镍铁碱电池，却情况正常，一点毛病也没有。另外，爱迪生还让人把很多箱蓄电池从二楼、三楼、四楼往下摔，再装到手推车上，以每小时 15 英里的速度朝大石头上猛撞，要连撞 500 次才算合格。经过这种种考验，爱迪生终于在 1909 年制成一种相当理想的镍铁碱电池。

知识
链接

电动自行车,是指以蓄电池作为辅助能源在普通自行车的基础上,安装了电机、控制器、蓄电池、转把闸把等操纵部件和显示仪表系统的机电一体化的个人交通工具。

雷电的敌人
——避雷针的发明

起　　源：美国
问世年代：1754 年
发 明 人：富兰克林

　　避雷针，又名防雷针，是用来保护建筑物等避免雷击的装置。在高大建筑物顶端安装一根金属棒，用金属线与埋在地下的一块金属板连接起来，利用金属棒的尖端放电，使云层所带的电和地上的电逐渐中和，从而避免引发事故。

一个改变世界的发现——避雷针的发明过程

　　1752 年 7 月的一天，注定是不平凡的一天，这一天一个奇迹诞生了，一个改变了世界的发现诞生了。这一天的改变与一个住在北美洲费城的科学家有关，他的名字叫富兰克林，而他在这一天所做的实验更称得上是科学史上最为惊险的实验之一。

　　富兰克林是因为一次偶然的意外，发现了雷电的秘密。有一回，富兰克林把几只莱顿瓶连在一起，以加大电容量。谁也没料到的是，正守在一旁的妻子丽德不小心碰了一下莱顿瓶，就听见"轰"的一声，一团电火花闪过，丽德被击中倒地。就因这件事她休息了好一阵子之后才康复。

　　受到这件事的启发，经过仔细的研究，富兰克林为了表明自己的观点，于是就在 1747 年的时候发表了论文《论雷电与电气的一致性》。他将论文寄给他的朋友——

英国皇家学会会员科林逊。可当科林逊将论文送交皇家学会讨论时，得到的是一阵嘲笑。许多权威科学家认为富兰克林把科学当作儿童的幻想。

1753 年 7 月 26 日，一个不幸的消息从俄国彼得堡传来，科学家利赫曼为了验证富兰克林的实验，在实验中不幸被一道电火花击中身亡。这更坚定了富兰克林一定要研制出避免雷击装置的决心。

在这一次实验中，富兰克林先是在自己家的房子上的烟囱上，安装一根长达 3 米的尖顶细铁棒。接着他又亲自在细铁棒的下端绑上一条金属线，之后他将这条金属线沿着楼梯，一直延伸到底楼的一个水泵上，这个水泵是直接被放到土地上的。最后他将经过房间的那段金属线分成了两股，并且将两股线相隔一段距离，各挂上一个小铃铛。安排好一切之后，就等着雷雨天的到来了。

又是一个狂风大作、电闪雷鸣的日子。一直守候在房间小铃旁的富兰克林，终于听到了小铃铛所发出的响动声，他清楚地知道他的实验成功了，"避雷针"诞生了。那根细铁棒其实就是"避雷针"，雷电从细铁棒进入，经过金属线进入大地时，两股力就会对线施力，从而带动小铃铛的晃动，使其发出响声。

避雷针问世在最初是遭到教会反对的，他们认为，装在屋顶的尖杆子是对上帝的不敬。但是有一次雷电击中了神圣的教堂，然而装有避雷针的房屋却安然无恙，这令人们不得不重新认识到了避雷针的作用。从此以后，到了 1784 年，全欧洲的高楼顶上都用上了避雷针。

学会呼风唤雨
——人工降雨的成功

起　　源：美国
问世时间：1948 年
发 明 者：文森特·谢福

　　1948 年，美国通用电气公司的科学家文森特谢福经过长期的探索，在一次实验中偶然地找到了人工降雨的关键，解决了千百年没有解决的课题，成为科学史上的一段佳话。

发明故事

　　二战期间，通用公司聘请爱尔文·兰格缪尔博士研究飞机机翼在穿过云层时结冰的课题。当时，年轻的谢福正是兰格缪尔博士的助手。他们接受任务后，就动身到美国东北部的新罕布什尔州去，那里的山峰终年积雪，雪暴频繁，寒风凛冽。谢福和兰格缪尔整日在山间的严寒空气中工作。他们逐渐发现了一个奇怪的现象：虽然气温常常在零摄氏度以下，但在他们周围和脚下缭绕的云朵之中，却并没有形成一粒冰晶。这个奇异的现象，深深留在谢福的脑海里。大战结束后，谢福制造了一台小机器，它能产生寒冷的湿空气。谢福往他的小机器里呼一大口气，然后开始冷却，再往冷空气中投放一点点粉末，比如面粉、糖粉等等。谢福耐心地做了几个月实验，往机器里扔进去他能够想得出来的各种各样的粉末，但是竟然没有一种物质可以形成雪花或雨珠凝结的中心。

1948 年 7 月里的一个上午，炎日当空。谢福继续耐心地往冷空气里一次次地扔进各种粉末，仍然没有结果。这时，谢福的一个朋友邀请他去吃饭。谢福很乐意借此休息一下。临走，他把制冷器盖好，口朝上，使较重的冷空气沉到底部不致逃逸出来。谢福匆匆吃完午饭，心里还惦记着机器中的冷空气。他回到制冷机旁，一看温度计，已经上升到冰点以上了，不禁有些懊恼。就这样几个月来，他专心致志地做实验，竟没有注意到盛夏已经不知不觉地快要到了。谢福心想，大热天做冷冻实验，以后可得多留神些，可是，今天的实验怎么办呢？他把盖子盖紧，耐心地等着制冷机重新使空气降温。谢福注视着缓缓下降的水银柱，心里着急，他转身找到一点干冰，想用来加快空气降温的过程。谢福打开制冷机的盖子，把冒着白气的干冰扔进去。这时，他又往制冷器里长长吐了一口气。突然感到眼前一片银色的光芒在闪烁，在射进制冷机的一束金色阳光里，他看见了无数晶莹的银色晶体在滚动。谢福立刻明白了，这正是他梦寐以求的冰晶。经过无数次失败，他竟然因为偶然地一挥手成功了。谢福连忙叫来助手，他往制冷器里长长地吐了一口气，同时又扔进一大把干冰。这时立刻出现了一片银光灿烂的小冰晶，缓缓地落下去，仿佛一层美丽的白色绒毛——人造雪的实验成功了。

谢福想：既然能在实验室中制造雪花，为什么不在田野上的云朵中去试试呢？他决定在飞机上装一架喷撒干冰的装置，谢福选好时机，开动了机器，干冰像一条拖曳的飘带落在云朵中。喷撒了一半，干冰使周围气温降低，竟使飞机的发动机也熄了火。谢福急中生智，把剩下的干冰立刻从机舱窗口统统扔到下面的云层中。在地面上等待的兰格缪尔博士仰望着从云端飘然而下的洁白的雪花，万分激动。谢福的实验确实在人类影响天气的历史上揭开了新的一页。从此，牧场、田野和山区的上空，时常飞翔着科学家的飞机，他们在云层中倾撒干冰，让晶亮的雨滴滋润干渴植物的根须。

谢福发现了用冷冻的方法可以形成人造雨之后，就不再去苦心寻求可以形成水滴中心的物质了。但是，通用电气公司的另一位青年科学家伯纳德·冯尼古特却不满足谢福的结论。他相信爱特金关于雨滴中心有微细颗粒的结论是有根据的。他查阅了大量资料，希望能找到一种体积和形状都适于形成水珠或冰晶中心的化学物质。冯尼古特最终选定了碘化银。他采用燃烧后得到的极细的粉末，希望撒播在云层中后形成雪花。冯尼古特采用地面发射装置把碘化银发射到云层中，耐心地等待着。不料却毫无动静。冯尼古特百思不得其解，前去请教一位化学家。他们很快发现了原因，原来冯尼古特使用的碘化银不够纯净。他很快换了新的碘化银，射入云层之后，果然纷纷扬扬飘下了洁白的雪花。在成功的事实面前，最保守的人也承认，现代的人工降雨是控制天气的一大进展。

辅在海底的线
——海底电缆的诞生

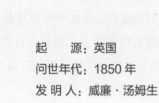

起　　源：英国
问世年代：1850 年
发明人：威廉·汤姆生

　　海底电缆是用绝缘材料包裹的导线，敷设在海底及河流水下，用于电信传输。现代的海底电缆都是使用光纤作为材料，传输电话和互联网信号。全世界第一条海底电缆是1850年在英国和法国之间铺设的。中国的第一条海底电缆是在1888年完成，共有两条，一是福州川石岛与台湾沪尾（淡水）之间，长177海里，另一条由台南安平通往澎湖，长53海里。

海底电缆的用处

　　海底通信电缆主要用于长距离通讯网，通常用于远距离岛屿之间、跨海军事设施等较重要的场合。海底电力电缆敷设距离较通信电缆相比要短得多，主要用于陆岛之间、横越江河或港湾、从陆上连接钻井平台或钻井平台间的互相连接等。在一般情况下，应用海底电缆传输电能无疑要比同样长度的架空电缆昂贵，但用它往往比用发电站作地区性发电更经济，在近海地区应用好处更多。在岛屿和河流较多的国家，此种电缆应用较广泛。

海底电缆的发展

1858 年，人们在北美和欧洲之间铺设了世界上第一条海底电缆，1866 年，英国在大西洋铺设了一条连接英美两国的海底电缆。同陆地电缆相比，海底电缆有很多优越性：一是铺设不需要挖坑道或用支架支撑，因而投资少，建设速度快；二是除了登陆地段以外，电缆大多在一定测试的海底，不受风浪等自然环境的破坏和人类生产活动的干扰，所以，电缆安全稳定，抗干扰能力强，保密性能好。

1876 年，贝尔发明电话后，海底电缆加入了新的内容，世界各国大规模铺设海底电缆的步伐加快了。1902 年环球海底通信电缆建成。

1960 年，世界上第一台激光器问世，人们开始利用激光能在光导纤维中传输的特性来传递信息。世界上已有 32 个国家与地区通过海底电缆建立了最现代化的全球通信网络，可同时进行 30 万路电话通话或数据传输。海底电缆在中国也得到迅猛发展。

1993 年建成的中日海底电缆系统，可开通 7560 条电话电路。

1997 年在上海南汇又建设了一条天下无难事电缆（FLAG），连接全球 20 个国家，可开通 12 万条电话电路。现在我国开始建设中美、亚欧两条电缆，总通信能力将猛增到 132 万路。

扩展阅读

　　海底电缆这项工程其实是一项极大的工程，英国著名科学家威廉·汤姆生便被这一举世瞩目的工程所深深地吸引住了。可是汤姆生的研究工作依然是毫无进展，这令他十分烦恼，为了放松心情，他邀请了五六位朋友一起去海滨玩。其中有一位就是德国著名的物理学家赫尔姆霍斯。正当大家玩得高兴时，赫尔姆霍斯发现邀请他们来的汤姆生突然失踪了！于是他们便到处搜寻，突然他发现汤姆生正躲在船舱里，在小本子上画着设计图。赫尔姆霍斯想要"报复"一下他的这位朋友，就掏出眼镜，将阳光反射到汤姆生的脸上。正在聚精会神的汤姆生，忽然觉得有个亮点在晃动，抬起头，看见赫尔姆霍斯正伏在甲板的挡板处，向他做鬼脸呢。而汤姆生也注意到了他的眼镜片，突然他发狂般地对着赫尔姆霍斯嚷起来，原来这一次他在镜片中受到了启迪，找到了设计的灵感。没等大家弄清楚是怎么回事时，汤姆生便一溜烟地跑回了实验室。1866 年，汤姆生成功地铺设海底电缆，成为世界通信史上一座伟大的里程碑。